imaginist

想象另一种可能

理
想
国

imaginist

GUIDO TONELLI 〔意〕圭多·托奈利 著 施宏惠 译

创世记 宇宙

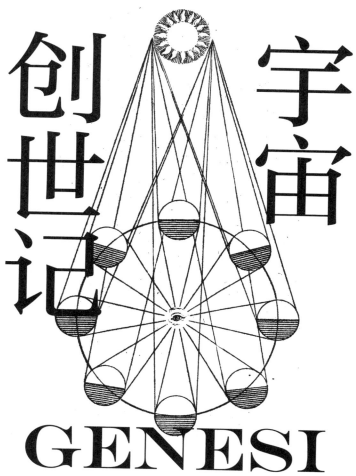

GENESI
Il grande racconto delle origini

上海三联书店

GENESI: Il grande racconto delle origini
by Guido Tonelli

Copyright © 2019 Giangiacomo Feltrinelli Editore, Milan

First published as *Genesi* by Guido Tonelli in May 2019 by Giangiacomo Feltrinelli Editore, Milan, Ital

Simplified Chinese edition © 2023 Beijing Imaginist Time Culture Co., Ltd.

Published in arrangement through NIU NIU Culture Ltd.

All rights reserved.

著作权合同登记图字：09-2022-0390

图书在版编目 (C I P) 数据

宇宙创世记 / (意) 圭多·托奈利著；施宏惠译
. —— 上海：上海三联书店, 2023.6

ISBN 978-7-5426-8100-3

Ⅰ.①宇… Ⅱ.①圭… ②施… Ⅲ.①宇宙 – 起源 –
普及读物 Ⅳ.① P159.3–49

中国国家版本馆 CIP 数据核字 (2023) 第 067872 号

宇宙创世记

[意] 圭多·托奈利 著；施宏惠 译

责任编辑 / 苗苏以
特约编辑 / EG
装帧设计 / 曾艺豪@大撇步
内文制作 / EG
责任校对 / 张大伟
责任印制 / 姚　军

出版发行 / 上海三联书店
　　　　　（200030）上海市漕溪北路331号A座6楼
邮购电话 / 021–22895540
印　　刷 / 山东新华印务有限公司

版　　次 / 2023 年 6 月第 1 版
印　　次 / 2023 年 6 月第 1 次印刷
开　　本 / 850mm × 1168mm　1/32
字　　数 / 137千字
图　　片 / 4幅
印　　张 / 8.375
书　　号 / ISBN　978-7-5426-8100-3/P·12
定　　价 / 49.00元

如发现印装质量问题，影响阅读，请与印刷厂联系：0534-2671218

献给小雅科波

目 录

我们需要诗歌，拼了命地需要。

  ——匿名，写在巴勒莫市中心一条小巷的墙上，

                2018 年 10 月

所有的悲伤都可以承受，只要你把它们放入一个故事，或者讲述一个关于它们的故事。

            ——伊萨克·迪内森

扎根也许是人类灵魂中最重要也最不被承认的需求。

             ——西蒙娜·韦伊

序 章

"教授您好，我能问您一个问题吗？现在我算是理解了到底什么是真空吗？我想说，是围绕我们的整个宇宙吗？包括把我逼疯的唐纳德·特朗普和 FCA 股东。太好了。真棒。我一直都知道我本该学习物理，抛下这堆忙活了我 40 年的蠢事。"

塞尔吉奥·马尔乔内 * 从美国给我打电话，他刚结束疯狂的每周例行公事：在马拉内罗待两天，乘直升机到都灵，然后飞往底特律，过上一周，再重登此番旅程。

---

* 马尔乔内（Sergio Marchionne，1952—2018），意大利和加拿大双国籍，生前为菲亚特克莱斯勒集团（FCA）执行董事长，法拉利即为其旗下品牌，马拉内罗（Maranello）是法拉利总部的所在小镇。（本书脚注如无特别说明，均为编辑添加。）

几乎没有变化，没有停顿或休息时间。

　　这一切都始于 2016 年 7 月底，当时他们邀请我参观法拉利工厂，为了一个采访。对我来说，这是一个亲眼看到那些高科技瑰宝并与年轻技术人员和工程师交谈的机会，他们疯狂地投入到新车型的开发中，其精神宛如旧时的工匠。上午一转眼就过去了，我们已经坐在餐厅的桌前。这间餐厅也是创始人恩佐·法拉利吃午饭的地方，到处都是这位"族长"的照片和琳琅满目的奖杯。在我们谈论一级方程式和电动法拉利时，一个完全出乎意料的电话打了过来：是塞尔吉奥·马尔乔内询问我是否可以到他的办公室寒暄几句。

　　上楼时，我还确信自己只会受到一个简短的礼节性问候，但都没来得及坐下，最晦涩的问题就劈头而来："教授，您相信上帝吗？"

　　有了这样的开头，很显然我们的问候不会是简短而流于形式的。接下来的一个小时，我们谈了宇宙如何诞生，什么是真空，时空的开端和终结。马尔乔内一根接一根地点燃香烟，同时要求我对所有事情做出解释。我从他眼中读到了真诚的好奇和惊奇。"这些是我年轻时想学的东西。我从来不擅长对付科学问题，因此我拿到的是哲学学位。然后生活把我带往一个完全不同的方向。"他向我讲述他在加拿大度过的绝不简单的青春期,以及他如何(带有一些偶然因素地)成为全球极具重要性的一家公司的首脑。

直到秘书提醒说,负责送我去机场的司机很紧张,因为我可能错过回程航班时,我们才只得道别。在我离开之前,马尔乔内请我给我写的书《事物的不完美诞生》(*La nascita imperfetta delle cose*)* 题词,我提醒他,以后我会问他是否读过这本书。几周后,当我接到开头写的他那通电话时,我知道他读了。

此后我们经常联系。几个月后,借着法拉利为最重要合作伙伴的经理们组织的年度会议这一契机,我又回到了摩德纳†。晚餐时,我们继续"提问游戏",这一次有其他用餐者参与。我们整晚都在讨论黑洞、斯蒂芬·霍金和引力波。然后,就在甜点端上来之前,马尔乔内停

---

* 本书随注拉丁字母主要为意大利语(或意语中写法),例外有:1. 全大写字母是国际通用的英文缩写,如 CMB 来自 Cosmic Microwave Background;2. 随希腊字母的斜体拉丁字母,是希腊词的拉丁转写,如 χαίνω/chaino,或 γαλαξίας(*galaxías*)。

† 摩德纳(Modena)是摩德纳省的首府,马拉内罗就在其附近。

止了一切并邀请我发言，让我讲述宇宙的诞生和发现希格斯玻色子的故事，并且不留情面地说："教授，来大干一场。我想要这帮乡巴佬明白这世上真正重要的事情是什么。"

晚会结束时，他拉着我的胳膊说："几年后，我将退出这一切，重新开始学习物理。您必须答应我准备一份小书单，关于量子力学和基本粒子，科普性质的但也别太通俗，能让我增进理解。"

我经常说，物理学面临的重大问题存在于我们每个人的心中，这种原始的好奇心仍在每个人的灵魂中燃烧。我承诺将参考书目寄给他，但无法掩饰自己眼中表露的某种怀疑。"教授，相信我，我会读的。"在那一刻，我俩都无法想象这些计划竟这么快就被打断了。

　　　　　　　　　　　宇宙创世记

01

引 言：关于起源的史诗

　　4万年前左右，当智人第二次大规模从非洲迁徙出来的时候，尼安德特人已经广泛居住于欧洲。后者形成了许多小氏族，居住于峡谷；今天，这些地方毫不含糊地证实着，那时就存在一个复杂的符号宇宙。墙上画有动物的符号和图像，尸体以胎儿的姿势埋葬，骨头和巨大的钟乳石排列成仪式性的环状。无数证据表明，这是一种文明，很可能拥有复杂精巧的语言，只是这语言今人永远无法知晓了。

　　因此我们可以想象，有个关于世界起源的故事在那些山洞里回荡，它通过记忆的魔法、话语的力量，由年长者传给年轻人，是一个远古的传说在回响。人们还要等待数十个世纪，才能从赫西俄德（或者无论哪位用这个名字的人）创作的《神谱》里，获得关于那个故事的书面证词，是他第一个在诗歌和宇宙学之间编织了一条连线。

多亏了科学的语言，那个关于起源的古老故事延续到今天。方程不能像诗歌那样激起强烈的情感，但现代宇宙学的概念——宇宙从真空／虚空的一次波动中诞生，或者宇宙暴胀——仍足以让我们惊叹。

一切都来自一个简单却又无法逃避的问题："这一切来自哪里？"

这个问题依然回荡在世界各地。人们所处的文化背景大相径庭，但这些迥异的文明有一个共同的特征；无论儿童还是高管，科学家还是萨满教徒，宇航员还是那些遗世独立地生活在婆罗洲（Borneo）或亚马孙某些地区的狩猎采集者小氏族的最后代表，都会问这个问题。

这个问题是如此根本，以至于甚至有人设想，它是由比人类更早的物种传给我们的。

创世神话与科学

对于刚果的库巴人（Kuba）来说，宇宙的创造者是伟大的巨人姆邦博（Mbombo），他是黑暗世界之主，为摆脱剧烈的胃疼，呕吐出了太阳、月亮和星辰。按非洲萨赫勒（Sahel）的富拉尼人（Fulani）的说法，是英雄东达里（Doondari）将一颗巨大的奶滴变成了土、水、铁、火。非洲赤道丛林中的俾格米人（Pigmei）认为，一切皆始于一只游在原初水域中的巨龟产下的卵堆。

在大多数神话故事的开端，几乎总有些东西因模糊而令人畏惧：混沌，黑暗，无形且流动的一大片，茫茫的迷雾，荒凉的地面——直到一个超自然的存在介入，塑造事物，带来秩序。此时便出现巨大的爬虫，原始的蛋，英雄或造物主，他们分开天地日月，将生命赋予动物和人。

建立秩序是必要的一步，因为它确立了规则，给各族群生生不息的节奏奠定了基础：日夜循环，四季更替。原始的无序唤起一种祖传的恐惧：害怕在大自然释放的力量面前，无论那是猛兽还是地震，干旱还是洪水，自己成为牺牲品。而一旦那位给世界带来秩序的存在也把大自然塑造成遵循他的规则时，脆弱的人类社群就能够生存繁衍。自然秩序反映在社会秩序中，反映在一套规则和禁忌中，它们定义了什么可以做，什么则绝对禁止。如果群体、部落、民众按照根据这种原始盟约制定的法律行事，这道规范的围栏就会保护社群免于解体。

从神话中也将诞生其他结构，它们将成为宗教和哲学、艺术和科学，这些门类将相互融合、滋养，使文明繁荣千年。然而，当科学开始猛烈地发展、速度远远超过其他思辨活动时，它和其他领域的相互交织就被打破了。从那一刻起，社会那千百年来未曾改变的沉睡节奏突然被一连串探索发现突破，这将深刻地改变所有人的生活方式。突然间，一切都变了，而且还在以可怕的速度继续变化。

现代性也随科学的发展而诞生，社会变得充满活力，不断变革，各社会群体开始骚动，统治阶级发生深刻的变化，世俗的权力平衡在几十年甚至几年内即被颠覆。

但最深刻的变革并不在于我们交流和创造财富的方式，或是医疗和出行的方式。最根本的变化又一次发生在我们如何看待世界、继而如何定位自己上。现代科学提供的起源故事很快就获得了无与伦比的连贯一致性和完整性。没有其他学科能提供比科学家的无数观察结果更令人信服、可验证和逻辑一贯的解释了。

虽然人类活动的场景中逐渐失去了几千年来一直与之相伴的魔力和神秘特征，但通过科学而逐渐发展起来

宇宙创世记

的世界观，则是人类想象范围中最不可思议的。科学将人类的起源，讲述为比神话更具想象力、更有力量的故事。因为为了构建这个故事，科学家们探查了现实中最隐蔽、最微小的角落，大胆探索了最遥远的世界，还不得不处理了迥异于常规、足以震慑心智的物质状态。

从科学中产生了范式的转变，这重新定义了时代，并不可逆转地改变了人类彼此的关系。正是科学发现的不断求索，设定了这种地下运动的节奏，就像炽热岩浆的强力涌动使地壳变形，有时还不可逆转地将其撕裂。

科学讲述的宇宙起源故事已然塑造了我们的生活，深刻地改变了建立新社会契约的基础，开辟了前所未有的充满机遇和风险的场景，决定了子孙后代的未来。

于是乎，今天由科学创造的起源故事，必须要人所共知，就像古希腊的每个社群中的每个人都知道关于自己城邦的创建神话那样。然而要做到这一点，先要克服一个重大障碍：必须面对困难的科学语言。

一门复杂的语言

这一切都源于一个表面上无足轻重的事件，它发生在 400 多年前，主角是帕多瓦大学的几何与力学教授，比萨人伽利略·伽利雷。他在开始改造荷兰眼镜师制造的奇怪管子、将它变成观测天体的仪器时，甚至都没有想到会随之而来的麻烦，更没能预见他的观察将在世界范围内引起怎样的动荡。

伽利略透过那套镜片所看到的东西让他瞠目结舌：月球并不是最权威文献中描述的那种完美天体，它并非由不朽的物质组成，而是有山脉、边缘参差的陨石坑和与我们星球相似的平原；太阳有斑点并自转；银河是由大量的星星聚集而成的；木星周围的"小星星"则是围绕它运行的卫星，就好像月球。

1610 年，当伽利略在《星际信使》(*Sidereus Nuncius*) 中发表所有这些内容时，他可能没有意识到，这将引发一场雪崩，冲垮盛行一千多年而无人敢于挑战的信仰和价值观体系。

现代性始于伽利略：人类摆脱了所有保护，只用自己的聪明才智武装自己，独自面对浩瀚的宇宙。科学家不再从书本中寻求真理，不再向权威原则低头，不再重复传统流传下来的公式和套路，而是将一切置于最凶猛的批判之下。科学通过"感性经验"和"必要的论证"，创造性地探索着"临时真理"。

科学方法的力量在于那些能利用仪器验证的猜想，这些仪器可以观察、测量和分类最不同的自然现象。正是这些实验的结果，也就是伽利略所说的"感性经验"，决定了一个猜想是有效还是应该放弃。

伽利略的观测，很快就会为哥白尼和开普勒的"荒谬"理论提供无可辩驳的证据，而人类的世界观也将发生根本性的变化，一切都将变得不同。艺术、伦理、宗教、哲学、政治，一切都将被这场概念革命颠覆，它将人及其理性置于一切的中心。新方法将在有限的时间内制造出极为深刻、罕有先例的动荡。

伽利略式的科学之所以如此具有革命性，是因为它不妄称自己有权掌握真理，而是不懈地试图证伪自己的预测；它为推翻确定性而感到振奋，即使这些确定性是直到当时才辛辛苦苦建立起来的；它在实验证实的基础上自我纠正；最后，为了对日益复杂的猜想进行压力测试，它还敦促自己去探索物质和宇宙的最隐秘角落。

从这种耐心和自觉的方法中，新概念诞生了，它们能解释难以捉摸而表面上又不起眼的现象。这样，在构建一种更加完整和复杂的世界观的同时，我们最终掌握了最细微的细节、最遥远的自然现象，并开发出了更为复杂精深的技术。

走这条路的代价，是需要使用越来越复杂的工具和越来越脱离常识的语言。一旦我们离开日常生活环境，描述和衡量平常活动的工具和概念就完全不够用了。我们如果要探索隐藏着物质秘密的微小维度或描述着宇宙起源的广袤的"秩序宇宙空间"，就需要非常特殊的设备和多年的准备。

这并不奇怪。即便最冒险的环球探索，也需要大量的努力和特殊的工具。想想极限航行、攀登喜马拉雅山或是下入海洋深渊。为什么科学探索要更容易？

在这里，任何想要彻底了解和欣赏物理学的人，都要苦练多年，学习群论和微积分，掌握相对论、量子力学还有场论。这些都是深奥的科目，涉及的概念和语言对于哪怕是使用它们多年的人来说都依然困难。但是，阻挠大多数人进入现代科学研究的鲜活心脏的专业语言障碍，也容易消除。日常语言也可以用来解释基本概念，尤其是让任何人都能了解科学正在创生的新世界观。

　　　　　　　　　　　　宇宙创世记

危险的旅程

然而，要了解我们的宇宙的起源，我们必须准备好来一次非常冒险的旅程。危险来自：我们需要将思想推向远离我们习惯的领域或环境，那里远得我们通常的概念范畴不再有任何用处。因此，我们不得不去讲述无法言说的事物，描绘不可想象的事情，试探我们现代智人的所有思维极限。对于探索和殖民地球而言，我们的心智是极其强大的工具，但它显然还完全不足以彻底了解发生得如此之远的事情。我们别无选择，只能像古代探险家一样，将船头指向海平线，接受在未知海洋航行可能遭遇的所有不可预料的风险。

但是，在科学研究中，返回母港也很重要。在这方面，现代研究人员很像奥德修斯（尤利西斯），无论到了哪里，都梦想着在家乡伊塔卡靠岸的那一刻。归家意味着，即使航行没有通往任何新大陆，或即使遭遇了可怕的海难，你也能把无望的航线和应该避开的危险浅滩告诉其他航海者。

因为，现代科学也是一次伟大的集体冒险。我们有理论和占卜牌做指引，但运气往往将我们带到完全未知的地方；我们拥有精心呵护的"船"，但只要漏掉一个小小的细节，就会大难临头。我们的船员是一个多彩而骚动的共同体，由成千上万现代探险家组成，他们拥有激情充沛的头脑、耐心和好奇心，能像奥德修斯一样迅速发明出新的策略来克服任何意外。

尽管我们的研究目标几近哲学问题：物质是由什么构成的？宇宙是如何诞生的？我们的世界将如何终结？但实验物理学的工作在可以想象的活动中，已经非常具体和实际了。

粒子物理学家，就是世上探索物质最微小成分的行为的成千上万名研究者，他们不会坐在办公桌前搞计算，沉思理论，想象新粒子。用于高能物理的现代仪器有五层楼高，巡洋舰那么重，包含数千万个传感器。建造并运行这些技术奇迹，需要成千上万的人去偏执而痴迷地关注细节，数十年如一日。为了建造比以前更精致的新工具，使更灵活更快速的"船"下水为我们的远航服务，我们要花费数年时间开发原型，辛苦努力地使其奏效，然后在大尺度下生产它们。即使探测器得到如此精心的照顾，在实验中安装后安静地运行了几个月，我们也总是活在对灾难的恐惧中：一个被忽视的细节，一个有缺陷的芯片，一个脆弱的连接器，一个匆忙焊接的冷却管，随时都可能对整项集体事业造成无法弥补的损害。最轰动的科学成功与最糟糕的失败间的区别，通常就隐藏在某个微不足道的愚蠢细节中。

智慧的两条路径

如何收集关于时空诞生的实验信息？科学家如何研究婴儿期宇宙的初啼？这里，有两条知识路径开始发挥作用，它们彼此完全独立，截然不同。

一边是粒子物理学，它探索无限小的事物，出发点是我们周围的物质，就是形成岩石和行星、花朵和恒星的那些，以及除此之外的一切，包括我们自己。这些物质有很特别的性质，虽然在我们看来普通，但实际上非常独特，这与宇宙是一个很古老而今又很寒冷的结构有关。最新数据告诉我们，"我们的家"建于近 140 亿年前，它如今已是一个真正冰冷的环境，我会说冷到不可能。对我们来说，待在地球上与宇宙隔绝，一切似乎都温暖舒适。可是一旦离开大气层这个保护壳，温度计示数就会陡降。如果我们测量分隔恒星的广阔虚空中或星系际空间中任一点的温度，温度计的示数仅会比绝对零度高几度，即零下 270 摄氏度。当前宇宙中的物质非常稀薄、古老、寒冷，其行为方式与婴儿宇宙中的物质大为不同——婴儿宇宙可是个炽热而密度惊人的物体。

要了解宇宙的初生时刻中都发生了什么，需要巧妙地找到一种方法，将当前物质的微小碎片带回那些原始条件中的极高温度之下。某种意义上，我们必须尝试回到过去。

这正是粒子加速器中发生的事。我们使高能质子或电子碰撞，这正是利用了爱因斯坦方程：能量等于质量乘以光速的平方。碰撞的能量越高，所能获得的局部温度就越高，能生成以供研究的粒子质量也越大。要达到最大能量，需要巨型设备，例如欧洲核子研究组织（CERN）的大型强子对撞机（LHC），就在日内瓦附近的地下延伸 27 千米。

在这里，将空间的微小部分加热到与早期宇宙相似的温度，就能"复活"一些已经"灭绝"的粒子：超大质量粒子，它们存在于最初时刻的炽热宇宙中，而今已经消失了很久。多亏了加速器，让它们结束了长眠，重新走出冰冷的石棺，得以被我们细细研究。我们就是这样发现希格斯玻色子的：它们在沉睡了 138 亿年后，被我们复活了一小部分。被苦苦追寻的玻色子虽然立即分解成了更轻的粒子，但它们在我们的探测器中留下了特征痕迹。这些特殊衰变的图像已经积累起来。在确定信号已经和背景很好地区分、其他可能的错误原因也得到了控制后，我们向全世界宣布了这一发现。

探索"无限小"，重建灭绝的粒子，研究早期宇宙中物质的奇异状态，就是了解时空初生时刻的两条路径之一。另一条路则是超级望远镜，一种探索"无限大"的大型仪器，它研究恒星、星系和星系团，甚至试图观察整个宇宙。这里，我们也利用了爱因斯坦方程，它将光速固定为 c，即每秒约 30 万千米。这个速度非常高，但并非无限高。因此，当我们观察一个非常遥远的物体时，距离我们数十亿光年的星系在我们眼中并不是它们现在的样子（"现在"也很难定义），而是数十亿年前的样子，就是它们发出那道今日才到我们这里的光的时候。

用超级望远镜观察很大很远的物体，就可以直接观察到宇宙形成过程的所有主要阶段，并收集到关于我们历史的宝贵数据。通过这种方法，即观察在巨大气体星云中心绽放的成千上万颗新星体发出的第一批微弱信号，我们了解了恒星是如何诞生的：我们注意到，围绕某个新天体运行的物质环中，气体和尘埃在增厚，这明确标志着"原行星系统"正在形成。我们的太阳就是如此诞生的，围绕它的行星也是如此形成的——能够直接看到这个过程，真是太棒了。

再进一步，我们还能目睹第一个星系的形成，这些骚动不安的物体有时会发出各种波长的大量辐射，这是其"创伤性"出生的明确迹象。通过超级望远镜，我们终于可以观察到宇宙的奇观，并以惊人的精度测量它的一些特性。宇宙温度的局部分布是一种令人难以置信的记忆，其中包含着宇宙初生之时所发生之事的鲜活痕迹：微小的温度波动，就可以用一种我们假以时日就能解读的"语言"，讲述我们最遥远的历史。

而最令人惊奇的是，这两条知识路径，基于大不相同且彼此几近陌生的方法，由两个完全独立的共同体推进，却彼此完全契合：基本粒子的无穷小距离的世界，和巨大的宇宙距离的世界，从两者中收集的数据，无可阻挡地朝着同一个起源故事汇聚。

进入此门者，快抛弃一切偏见！ *

科学的话语首先要求摒弃一切形式的偏见。真正的探险家不惧怕意外，相反，他们迫不及待地要面对完全出乎意料的现象。就像希腊神话中的阿尔戈英雄那样，他们启航去寻找金羊毛，更多的是出于好奇，而非为了奖励。他们寻求的不是安宁，相反，他们热爱冒险。

在我们踏上通往世界起源的旅程时（我们马上就要如此），那些指导我们日常生活的概念，例如事物的持存、周遭的和谐带给我们的安心，必须立即抛却，直到永远。我们再不能用"秩序宇宙"（cosmo）一词来指代"宇宙时空"（universo）。† 因为使用 cosmo 一词时，一切在我们看来都属于一个有序且规律的系统，这在我们的心目中，和"混沌"（caos）这种该被远远地打发去微不足道的角

---

* 化用自《神曲》地狱篇第三首"地狱之门"第九行："进入（此门）者，快抛弃一切希望。"

† 自此起，作者基本会区分 cosmo 和 universo 两词，并主要使用后者。它们虽然都意为"宇宙"，但前者一般指古典意义中有秩序的和谐宇宙，而后者则是包含时空的实存大全。在全书的"宇宙起源／诞生"表述中，作者使用的都是 universo。此后，本译本会在必要的地方提示区别，如 cosmo 译为"秩序宇宙"，universo 译为"宇宙时空""宇宙大全"等。

落的无序状况，可是大相径庭的。

我们寓居在薄球壳之上，为日常生活所塑造，受制于从周遭习惯性地看到和经历的东西，于是很自然地想，支配我们生存的法则，在宇宙其他每个角落都存在。日夜规律轮转，月相圆缺往复，季节轮回更替，天穹总是为星星照亮，我们着迷于这些现象，于是设想类似的平衡无处不在。但事实并非如此——恰恰相反。

我们已经在这里生活了几百万年，但比起任何主要宇宙过程的周期，我们的生命都无限短暂。我们生活在一个温暖的岩石星球上，这里富含水，有宜人的大气层和仁慈的磁场包围和保护。磁场就像某种能吸收紫外线的魔毯，保护我们免受宇宙射线和粒子群的破坏性影响。我们的母星太阳是一颗中等大小的恒星，位于我们所在的银河系的一个非常宁静且相当边缘的区域。整个太阳系做着缓慢的轨道运动，位置可说是在距银河系中心 26000 光年的地方。这是个安全的距离，因为银河系中心潜伏着一个怪物般的黑洞，人马座 A*，这东西比太阳重 400 万倍，能摧毁周围成千上万颗恒星。

如果继续仔细观察那些涉及表面上平静不动的天体（如恒星）的现象，我们还会偶遇令人难以置信的物体，并发现大量物质都有非常古怪的行为表现。

其一就是"脉冲星"（pulsar），这种物体黑暗而致密，是将一两个太阳的质量集中在了半径约 10 千米的范围内。无数的中子被脉冲星的引力束缚，引力将它们压扁、压缩并试图粉碎，而整颗脉冲星飞速自转，产生巨大的磁场。

更不用说"类星体"（quasar）和"耀变体"（blazar）了，它们是在某些星系中心咆哮的超大质量天体。还有质量极其夸张的黑洞（高达太阳的数十亿倍），能够吞噬一些倒霉的恒星，用它骇人的引力场俘获它们。这种发展了百万千万年的"死亡之舞"，从地球上就能观察到，因为盘旋着坠入深渊的物质会扭曲、分解，并最终发射出我们的探测器能够识别的高能射流（getti）和伽马射线。

这些奇怪的天体,中子星和黑洞,是整个"秩序宇宙"中经常发生巨大灾难的原因。今天，人们可以非常精确地研究它们，甚至已经看到它们相互碰撞，使时空震颤，并产生从数十亿光年之外来到我们这里的引力波。

但我们不用看这么远，就能明白"秩序"宇宙的表象之下，隐藏着怎样的"混沌 / 混乱"。只需仔细观察太阳的表面：它看似一颗安静的恒星，平静地照亮我们的日子；可一旦近距离观察，它就变成了一个复杂而混乱的系统，由无数的热核爆炸、对流运动、骇人质量的周期性振荡、被强大的磁场投射到周围的等离子流组成。在我们这颗恒星内部，有提坦巨神般的力量在彼此冲突，一场持续了无数年的战役，已经宣告了一名胜利者：引力。而数十亿年之后，随着核燃料的耗尽，引力最终会成功地粉碎、压扁太阳的内层，使其坍缩。中央核心将被压缩，而最外层会开始膨胀，直至到达水星、金星和地球，将它们瞬间蒸发。

这是因为，从远处看，高度混乱的系统可能会显得有序且规律。同样的情况也发生在观测的另一个极端——无限小的世界中。

如果仔细观察最闪亮、最光滑的表面，你会立即被物质基本成分的混乱舞蹈所震撼：它们以疯狂的速度波动、振荡、相互作用、改变性质。构成质子和中子的夸克和胶子在不断地改变状态，与彼此、也与围绕它们的无数虚粒子（particelle virtuali）相互作用。微观层面的物质不可阻挡地遵循着量子力学定律，受偶然性和不确定性原理的支配。没有什么是静止的，一切都在不断变化的各种状态和可能性中沸腾。

而一旦我们观察大量的这些粒子，一旦结构变得宏观，调控这种动态过程的机制就会近乎魔法般地获得规律性、持久性、秩序和平衡。在所有可能方向上发展的随机微观现象，一旦以惊人的数量叠加，就会产生有序和持久的宏观状态。

也许是时候引入一个新概念，来描述这个确乎属于结构性的情况了："宇宙混沌"（caos cosmico，即"有序的混乱"）。这可能是恰当的矛盾修饰法，可以将宇宙时空中相互追逐着玩捉迷藏的两个实体联系起来。在探索基本粒子世界中最微小的凹陷时，我们会发现这种游戏；而当观察恒星或庞大结构（如星系或星系团）的中心正在发生什么时，它也会表现出来。

要理解宇宙的诞生，我们必须抛弃对秩序的偏好以及其他好些东西。我们将踏上一段仅凭想象力引导的旅程，它会运用大胆的概念，令最富幻想的科幻故事变得平淡无奇。在这段旅程中，我们将了解那些永远地改变我们世界观的理论。到最后，我们也许会发现，自己已经变得与最初不同。

系好安全带，我们这就启程。

02

太初是空

太初是空。看，我们已经完成了大半，一下子就回答了最困难的问题：大爆炸之前是什么？

严格说来，这个问题问得不好。我们马上就会看到，"时空"（spazio-tempo）会和"质能"（massa-energia）一齐登场，所以没有"之前"，没有时钟在尚未诞生的宇宙"之外"嘀嗒作响。不过，为了讲得方便，我们可以忽略这个逻辑上的困难，直奔事情的实质。

我们暂且接受这个悖论，向自己发问：在时间诞生"之前"存在什么？让我们想象，自己站在"没有地方"的地方，所有空间将从那里涌出。让我们幻想，我们这些需要空气来呼吸、需要光线来看见的物质存在，在这个还没有一丝物质和能量的时候，已经在那里等待着见证一切的诞生，亲眼见证。

在我们面前是一片虚空，一个非常奇特的物理系统，尽管这个名字容易引起误解，但它远非虚空。物理学定律会用"虚粒子"填充这个虚空。虚粒子以疯狂的速度出现又消失，使虚空充满能量场，场的值不停地在零左右波动。每个粒子都可以从虚空的大银行里借到能量，存在时间越短的，负债越多。

从这个系统中，这些波动中，会诞生一个物质性的宇宙，它实际上仍然只是一片虚空，但却是经历了一番奇妙蜕变的虚空。

一个庞大的膨胀宇宙

以往各时代最优秀的科学家，在用上现代望远镜之前，对宇宙所做的各种幼稚想象，很难不使我们今人哑然失笑。

"宇宙大全"（universo）一词包含拉丁语词根 unus，义为"一"，以及 versus，vertere 的过去分词，义为"转"。我们现在把"宇宙大全"用作"一切事物"的同义词，尽管其字面义是"全都朝同一方向转的事物"，其中残余着某些古老信仰，它们认为天体的旋转是个稳定而有序的系统。亚里士多德和托勒密的古代概念，哥白尼和开普勒的更现代的模型，都含有这种成见。

从概念上看，地心说和日心说的宇宙完全不同。在近两千年中，对于包含月球、太阳、行星和恒星在内的围绕地球的奇妙同心圆的运动，世界各地的学者进行着无休止的计算和争论。然后突然间，这个世界观崩塌了。

把地球从创世中心移开，并不是一个无足轻重的细节。它给17世纪的社会在文化、哲学和宗教上带去了可怕的冲击。从那时起，世界再不同于以往。但如果我们从远处看，那么地心说和日心说这两个系统，虽然看似不可调和——人们以它们的名义而流血——却有着非常相似的结构。两者描述的都是一个不可改变的静态宇宙，一个能保证长年和谐旋转的完美机器。使它运行的无论是"动太阳而移群星的爱"*，还是伽利略和牛顿的引力，两者的本质不变。

这种认为宇宙永恒、不变且完美，因此从始至终不曾改易的成见，几乎持续至今。令人惊讶的是，到20世

---

* 《神曲》的最后一行。

纪初，在相对论宇宙学的最初表述中还能找到这种观念。

1917 年，阿尔伯特·爱因斯坦在推导广义相对论的结论时，设定了一个均匀、静态、空间上弯曲的宇宙。质量和能量会扭曲时空，并有使时空坍缩为一点的趋势。但如果给方程添加一个正项来补偿收缩的趋势，系统就会保持平衡。现代宇宙学的开端就在这一调整中诞生：为避免宇宙在仅有引力存在的情况下必然会发生的灾难性结局，一个任意的项被发明了出来。为了维持几千年来对宇宙之稳定和持久的成见——爱因斯坦本人显然也是这种成见的囚徒——他强行引入了我们所说的"宇宙学常数"，这是一种正的真空能量，它倾向于把一切事物往外推，因此可以抵消万有引力，确保宇宙整体的稳定性。

今天我们知道，宇宙由数千亿个星系组成，但在 20 世纪的前 20 年，当时的科学家——包括一些有史以来最聪明的人——仍然认为宇宙中只有银河系。这着实令人吃惊。他们认为银河系中的各天体在做缓慢的同心运动，这暗示了宇宙是一个静态、和谐、有序的系统。这一切很快会被新的观测质疑，人们将和旧观念决裂，而一位年轻的比利时科学家凭借其敏锐的直觉走在了别人前面。

1927 年，乔治·勒梅特 33 岁。他是一名天主教神父，毕业于剑桥大学天文学专业，当时正在麻省理工学院完成博士学位。这位年轻的科学家属于最早一批明白爱因斯坦方程也可以描述动态宇宙的人——宇宙可以是一个质量恒定但不断膨胀的系统，即其半径会随时间的推移而增大。当他向爱因斯坦这位最年长、最权威的同行提出这一想法时，后者的评论令人生畏："你的计算是正确的，但你的物理是可憎的。"将宇宙视为静态系统的千年偏见就是这么根深蒂固，以至于即使是当时最具灵活性和想象力的头脑，也拒斥宇宙可以膨胀因而万物皆有开端的想法。

要经过多年的激烈讨论和冲突，这个非凡的新奇想法才会在科学家中间站稳脚跟；而它进入公众领域，还要花上更长的时间。

勒梅特本人提示了成功的关键。在其提出新理论的文章中，他引用了对"河外星云"径向速度的测量结果。

在那些年里，天文学家们的注意力集中于那些像云一样的怪东西，他们认为这是星群，和一团团的尘埃或气体混在一起。今天我们知道它们是星系，每个星系都包含数十亿颗星星，但当时的望远镜分辨不了太多细节。

为计算恒星或一般发光体的移动速度，天文学家很早就学会了利用"多普勒效应"：我们从救护车的警笛发出的声波中可以体验到这一现象，而它同样也适用于光波。当声源或光源远去时，我们接收到的声波或光波的频率会降低，这时，警笛的声音会变低沉，而可见光的颜色会趋向红色（因为红色光的频率低）。通过分析各种天体发出的光频的光谱，我们就可以测量每个天体的这种向红色的偏移，即"红移"，从而得出它们离我们远去的径向速度。

但是，要测量这些天体群到我们的距离，从而获知它们是否在我们的银河系里，并不是件容易的事。

解决这个问题的，是埃德温·哈勃。他当时是位青年天文学家，在加利福尼亚州的威尔逊山（Monte Wilson）天文台工作，那里配备着当时世界上最强大的望远镜。

他使用的技术利用了造父变星（Cefeidi）的性质，那是一种亮度可变的脉动恒星。当哈勃开始其工作时，亨利埃塔·斯旺·莱维特，美国最早的女天文学家之一，已于几年前去世。这位年轻的科学家为这一研究领域做出了巨大贡献，却未获得应有的承认——这也是此类情况下常有的事。事实上，20 世纪初那个年代认为女性使用望远镜是不可想象的，屈指可数的年轻女科学家只是被雇来打下手。莱维特被委以的是一份完全次要且报酬低微的"人肉计算机"任务：一张接一张地检查数千张照相底片，其中有望远镜拍到的图像，记录了恒星及其他天体的特征。她特别被委派测量并记录恒星的"视星等"（luminosità apparente），即从地球上观察到的星体亮度。

这位年轻的天文学家将她的研究重点放在了一些亮度可变的恒星上，它们属于小麦哲伦星云，该星云当时被认为是我们银河系的一部分。莱维特天才地发现，最亮的恒星也是脉冲周期最长的恒星。一旦建立了这种相关性，就可以估计恒星的绝对亮度，从而可以测量它到我们的距离。某物体的亮度变化与其到观察者的距离的平方成反比；因此，知道了观测对象的绝对亮度后，只需测量其视星等，即可求得距离。

莱维特测量到了小麦哲伦星云中的造父变星的发光强度和周期之间的关系，并假设这些星体到我们的距离大致相同，从而能够从记录在照相底片上的视星等中，构建起"内在亮度"（luminosità intrinseca）的标度。

多亏了这位才华横溢的年轻女天文学家那了不起的

直觉,我们才有"标准烛光"可用,这是已知强度的光源,通过它可以获得距离的绝对测度。

而这正是哈勃所做的。他利用仙女座星云的造父变星得出结论:这些天体和我们相距太远,不可能是我们银河系的一部分。

勒梅特知道哈勃做出这首批测量。这些测量不仅将相关星云置于我们的银河系之外,而且赋予了它们惊人的远离速度。勒梅特自己提出的宇宙膨胀理论使人们能够解释这些新的观察结果,只要人们接受宇宙是一个超大的系统,比到那时为止人们所认为的要大得多得多。一个庞大的结构,其中有无数类似于我们的银河系的星系,而且一切都在远离一切。

人类将地球置于宇宙中心两千年,然后心不甘情不愿地承认我们的星球只是围绕太阳旋转的众多星球之一,而现在连最后的幻想也崩塌了。太阳系和我们亲爱的银河系所处的位置,没有任何特殊性。我们就是一个默默无闻的星系的一个微不足道的组成部分,而这个星系又只是遍布宇宙的无数星系之一。好像这还不够似的,整个系统还随时间的推移而演变:像所有物质性存在一样,这个系统有一个开端,也很可能有一个终结。

大爆炸

勒梅特的直觉为哈勃的测量所证实，并将为新的世界观奠定基础。在他用法语写的原始文章中，这位神父兼天文学家甚至预见了距离与天体后退速度间的严格比例关系。如果他的膨胀宇宙观是正确的，那么更遥远的星系必将以更高的速度远离我们，即表现出更大的红移。而这正是哈勃得到的结果——当他的观测记录越来越丰富后。但在很长一段时间里，勒梅特的直觉都被忽视了，因为他发表这篇文章的比利时刊物发行量不大。出于这个原因，直到最近，科学界都还一直将距离与后退速度间的相关性称为"哈勃定律"。幸亏有耐心的复原工作，这位比利时科学家的贡献终于得到了认可，这花了近百年的时间。今天，这个使建立宇宙的动态本质成为可能的关系，被恰当地称为"哈勃—勒梅特定律"。

20 世纪 30 年代初，面对大量的实验观察，连爱因斯坦也最终放弃了最初所持的怀疑态度。传说，这位伟大的科学家在不情愿地承认比利时神父和美国天文学家正确时，后悔地表示没有早点理解它："宇宙学常数是我一生所犯的最大错误。"

以宇宙的快速膨胀为初始状态，就不需要引入宇宙学常数来做临时特设的修正。实际上，宇宙学常数已经从宇宙学的基本方程中消失了几十年。具有讽刺意味的是，这一情况将在 20 世纪下半叶再次逆转：随着暗能量的发现，这个曾经如此折磨其创造者的项，不得不被重新引入。

而第一个假设宇宙的膨胀其实可能是加速的人，又是勒梅特，他有意地将爱因斯坦的宇宙学常数留在了方程中，尽管值很小。勒梅特将宇宙的诞生描述为一个发生在 100 亿到 200 亿年前的过程，始于他所谓的"原始原子"这一初始状态。他的假设拉近了当时最先进的科学理论和大量神话故事间的距离，这些神话认为一切起源于某种"宇宙蛋"。但首先，他确立了"小宇宙"（microcosmo）和"大宇宙"（macrocosmo）间的联系，这在接下来的几十年中被证明是卓有成效的。

从提出之日起，勒梅特的新理论就引起了许多困惑。当时公众的关注点其实集中在其他事情上：1929 年的经济大危机，欧洲法西斯主义和纳粹主义的出现，以及整个世界将陷入另一场世界级冲突的众多迹象。但即便只在科学界，宇宙学的新假设激起的怀疑也非常强烈。不少权威科学家拒绝接受时空有其"开端"、宇宙系被"生出"这样的观点。这东西看上去像极了《圣经·创世记》及各种宗教所倡导的创世观念。更糟糕的是，新理论的第一拥护人还是一位科学家兼神父，罗马天主教的神父。

宇宙无始无终、永恒不变，也不是创造而来，这种看法最先是得到亚里士多德的支持，且至今仍令许多科学家着迷。其中最著名的是英国天文学家弗雷德·霍伊尔，他认为勒梅特提出的理论简直令人反感，直到2001年去世，他仍然坚持己见。正是他在1949年的BBC电台广播中首次使用了"大爆炸理论"这个新词来表达对勒梅特的轻蔑。讽刺的是，霍伊尔描绘的这幅"大爆炸"图景，本意是嘲笑这种宇宙学理论，结果它却深入人心，为这个理论的成功做出了重大贡献。

苏联科学界是大爆炸理论最顽固的反对者据点之一。几十年中，苏联科学家将宇宙大爆炸贬为伪科学和空想理论，它将某种创世说理论化，与宗教中的说法太过相似，实在令人生疑。他们根本不把勒梅特本人的态度当回事，后者可是始终在科学与信仰两个领域间划清界限的。1951年，当教皇庇护十二世抵挡不住诱惑，暗示科学家所描述的宇宙大爆炸就是《圣经》记载的上帝创世时，勒梅特表现出了惊恐。教皇试图宣传一种对神创论的科学验证，以加强信仰的理性基础，这是勒梅特强烈反对的。

实验结果再一次确定了大爆炸理论的最终成功。在这一新宇宙学假设的理论发展过程中，到 50 年代左右，科学家们预测有一种辐射遍布整个宇宙：一种"化石波"，是光子不可挽回地与物质分离的那一刻的残迹；此后，光子继续在我们周围四处波动。这种辐射是非常微弱的电磁波，由于时空的膨胀而延伸了几十上百亿年；它是一个微小的能量，或许就是它使天体之间的真空具有了通常那几开尔文（-270 摄氏度左右，"开尔文"符号 K）的温度。

1964 年，美国天文学家阿诺·彭齐亚斯和罗伯特·威尔逊几乎是在偶然中发现了这种辐射，引起轰动。两人花了数周时间想让一条天线重新投入使用——他们想用该天线在微波区域进行射电天文观测，但消除不了一个似乎来自所有方向的恼人信号。他们首先假设这是实验室附近的无线广播站造成的干扰，后来又想到了纽约附近的各种活动造成的电磁干扰。他们还去核实了，在天线中筑巢的一对鸽子也与此无关——它们在天线上留下了白色的绝缘物质，用大白话说就是鸟粪。最终，两人放弃了，并在一封短信中公布了他们的结果。来自四面八方的宇宙微波背景（CMB，亦称"宇宙［微波］背景辐射"）被发现了，宇宙的几 K 温度也被证实，这标志着新理论已经获得了无可辩驳的成功。彭齐亚斯和威尔逊记录了来自大爆炸的回声，而大爆炸就是所有灾难之母，全部事件之祖，一切皆始于 138 亿年前之证据。

一个起于虚空的宇宙

事实上，即使在大爆炸理论最成功的那些年里，当这个词已经进入大众语言并且在电视节目或儿童漫画中被谈论时，怀疑仍萦绕在科学家中间。

尽管对 CMB 的测量越来越精确，给最终的拼图增添了越来越有说服力的板块，但一个根本性的问题仍有待解决。简而言之，传统的大爆炸理论隐藏了一个巨大的问题：如果宇宙诞生于一个集中了骇人能量和质量的点，一个极为致密、炽热的疯狂膨胀的系统，那么，是什么物理现象首先将这一切集中到这个点上的？某种意义上，这正是伊塔洛·卡尔维诺在他的《宇宙奇趣集》

（*Cosmicomiche*）中的短篇故事《一切于一点》（*Tutto in un punto*）中戏谑地暗示出的那个问题："我们每个人的每一点都与其他每个人的每一点在唯一的一个点上重合，它是我们所有人共处的一点。"而此前数年，豪尔赫·路易斯·博尔赫斯也受类似想法的启发，创作了美轮美奂的《阿莱夫》（*L'Aleph*）。这个故事的标题来自希伯来字母表的第一个字母，该字母也表示包含所有其他数字的原始数字。故事讲的是一个神秘的小球体，从中可以看到整个宇宙。

简而言之，在一个成功建立的理论背后，潜藏着一个巨大的问题：什么机制可以导致这么特殊的情况？一个零维的、具有无限密度和曲率的点，即物理学家所说的"奇点"？

至少在原则上，一个简单的、本质上也优雅的解决方案近在眼前。描述与引力相反的膨胀的那些方程，就可以用来描述相反的过程，即不可阻挡的收缩，它会不可避免地导致"大挤压"（Big Crunch），即巨大的内爆。

在某些条件下，那牵涉物质和能量的万有引力，可以减缓宇宙的膨胀，直到完全抵消膨胀，并开启随后的收缩阶段，这时，星系团内的星系就会缓慢但不可阻挡地聚集，而物质密度和平均温度会在宇宙的每个角落上升。而这一切，最终会导致黑洞、辐射、电离物质等不停地聚集成密度极高的东西，然后只能灾难性地坍缩成一个不断减小、几近点状的区域。这就是奇点。它将引发另一场大爆炸，从中诞生一个新的宇宙——膨胀和收缩的无限链条上的一环，一只超大口风琴上的一下吹奏，就在数百亿年的时间循环中构建出各种旋律。

将生命、死亡和重生这种无始无终的循环往复，延伸到整个物质性宇宙，这种假说会让人想起许多东方哲学共有的一些概念：宇宙本身受制于"轮回"（Saṃsāra），那是把众生囚禁在灵魂转世这一无穷序列中的存在之轮。这是个对称而优雅的解决方案，其优点是可以轻松解决表面上违反能量守恒的问题：是谁将整个宇宙集中在奇点？

这条出路开放了几十年，但终还是避不开矛盾，因为天文学家和天体物理学家找到了更精确的方法去测量星系的后退速度和宇宙背景辐射，这些新的测量结果催生了精确的宇宙学。

人们早就知道，星星在对我们讲述它们的故事，用的语言比我们想象的丰富、清晰得多。很快，最强大的光学望远镜配备上巨型抛物面反射器，指向最深远的空间，用巨大的耳朵聆听来自未知恒星或遥远星系的无线电信号：这就是射电天文学。由此人们发现了一系列新的神秘天体，它们发射很有特点的无线电信号，并因此获得了奇异的名称，例如脉冲星、类星体。此后，还需要数十年的研究，人们才能理解，在其中一些现象的背后，存在着物质聚集的新状态：引力在超大质量天体的中心咆哮，将物质粉碎成最微小的成分，产生密度惊人的中子星或黑洞。

有证据表明，宇宙中充斥着各种波长的光子，从波长几十米的无线电波，到波长只有亚原子距离的能量最高的伽马射线。这促使科学家们建造了更加精密复杂的设备，安置在地表或发射到地球轨道上，它们能够记录整个电磁波频谱。越来越精确的宇宙图被制作了出来，描绘其中不计其数的各种频率的辐射源。数量惊人的测量结果使我们能够将宇宙作为一整个物理系统来研究，并回答这种情况下的典型问题：它有多少总能量？冲量、角动量和总电荷的值是多少？

随着数据变得越发精确，测量误差越来越小，由此产生的图景呈现出了惊人的面向。数据告诉我们，宇宙的膨胀不会停止，没有任何迹象表明它会逆转进程，回归"大挤压"。宇宙的平均密度不足以超过临界值，使得引力占据主导地位。因此我们必须抛弃非常诱人的循环宇宙的想法，并回到解释最开始的奇点问题上。

但就在这里，完全出乎意料的是，一个更优雅的解决方案立即出现了。宇宙非常接近完全均匀、各向同性的状况。CMB难以置信的均匀性告诉我们，宇宙的曲率可以忽略不计；CMB的角分布告诉我们，空间遵循欧几里得几何定律：穿过宇宙某区域的光线，若不受质量和能量的干扰，将沿直线传播。这就是所谓的平坦、零曲率的宇宙。而且，由于宇宙的质量和能量分布与空间的曲率及其几何形状有内在的联系，所以根据广义相对论建立的定律，我们可以得出一个令人瞠目的结论：像我们的宇宙这样的平坦系统，其总能量为零。

换句话说，宇宙中的质量和能量产生的正能量，和引力场产生的负能量，会相互抵消。如果要计算宇宙系统的总能量，首先需将我们银河系中所有恒星的质量转化为能量，再将结果乘以1000亿个星系；然后还需加上暗能量和由暗物质产生的能量（我们稍后详细讨论它们）；最后还要把游荡在全宇宙中的所有物质形式和辐射形式——星际气体和光子，中微子和宇宙射线，直至引力波——转化为能量。这个计算的最终结果，肯定是一个巨大的正数。

现在，我们应该耐心地来考虑引力场对总能量的贡献，这是一个负贡献。两个天体间的吸引力，无论是地球和太阳之间的，还是两个遥远星系之间的，都会产生一个束缚系统，即两个天体被困在一个负势能系统中；要释放两个天体中的一个，必须提供正能量，通常是动能，即加速其中一个天体，直至它达到逃逸速度，该速度将允许它有可能到达无穷远的距离，从而完全摆脱同伴的引力。当我们要从地球发射一颗探索卫星到太阳系的边缘时，就会发生这种情况。

由于引力作用于宇宙的整个质量和能量分布区域，因此，从所有束缚态中获得的负能量值也很庞大。

现在剩下的任务就是求这两个超大数字的差。结果令人惊讶，是零。总之就是，宇宙系统的总能量，与真空系统相同。

这一切不可能是纯粹的巧合。尤其是因为，宇宙的总电荷、总冲量和总角动量都有类似的情况：都严格等于零。总结一下，宇宙具有零能量、零动量、零角动量、零电荷：所有这些特征都使它与真空态极为相似。至此，科学家们可要放弃了："它看起来像鸭子，走路像鸭子，嘎嘎叫得像鸭子，那它对我们来说就是鸭子。"[*]

简而言之，迄今为止收集到的最复杂、最完整的观测数据，以前后一致的方式告诉我们，宇宙起源的奥秘隐藏在最简单的假设中，这个假设首先是一下子解决了那个要使大爆炸假说摇摇欲坠的难题。在一个总能量为零的宇宙中，不需要任何奇怪的机制将大量的物质和能量集中在初始奇点上，因为在那个点上，能量为零；而在从中涌现出来的、我们称为"宇宙"的系统中，能量依然是零。物理学家兼宇宙学家艾伦·古斯是这一理论的最早支持者之一，他将之视作量子真空提供的"免费大餐"的最佳示例。

整个宇宙来自虚空，更确切地说，宇宙现在仍然只是处于真空状态，只不过是经历了蜕变的真空状态。这似乎是现代宇宙学给出的最具说服力的假说，或至少是与迄今所收集的无数观察结果最为一致的一个假说。

---

[*] 这是在描述西方谚语"鸭子测试"（英语 Duck Test），即通过基于某些惯常现象的归纳推理来识别未知事物。——译注

空还是无？

但虚空是什么呢？许多人将虚空等同于"（虚）无"。没有比这更错误的了。"无"是一个哲学概念，一种抽象，是"存在"之不可化约的对立面。没有人比古希腊哲学家巴门尼德更好地定义了"存在"："存在存在，它不可能不存在；非存在不存在，它必然不存在"。*

空/无让人想起祖先们的恐惧，就比如坠入无底深坑这种反复出现的常见噩梦；"空"是"无价值"的同义词，像"空虚的灵魂""空洞的言论"表达的那样。把"空"与"无"这两个概念联系起来，也是西方文化中人一定会把宇宙起于虚空的宇宙学理论，与犹太教、基督教的"无中生有"创世观相配。但其实，我们很快就会看到，这两个概念是几乎相反的。在一定意义上，作为一个物理系统的虚空，乃是虚无的对立面。

事实上，"空"的概念与"零"（zero）倒有许多关联。zero 一词来自拉丁语 zephirum，于 1202 年首度出现在西

---

* "存在"英语译为 be、being，巴门尼德此句也译为"'是'是着，它不可能不是；'不是'不是，它必然不是"或"'有'有着，它不可能没有；'没有'没有，它必然没有"。

方。伟大的数学家莱昂纳多·斐波那契在他的一篇著作中，将阿拉伯数字 sifr 翻译成拉丁语的 zephirum，意思是零或空，尽管在拉丁语中它会让人想到古希腊神话中的西风神泽费洛斯（Ζέφυρος/Zephyros），那是预示着春日将至的和风。

在阿拉伯语中，表示数字零的词则留用了原义，而这零的概念则是由印度引入的，印度人称之为 sunya，就是"空"。同样的词根出现在"空性"（Śūnyatā）中，意为"关于空的教义"，这是藏传佛教的一个基本概念，表示一切物质体实际上都没有自己真正独立的存在。

最早提出"零／空"概念的是印度人。写于公元458 年的一部梵文著作首次使用这个概念。书名是《罗卡维薄伽》（Lokavibhaga），字面义是"宇宙的各部分"。奇怪的是，它是一篇关于宇宙学的论文，仿佛从一开始就建立了"空"与宇宙诞生之间的联系。

考虑到虚空在印度的宇宙起源说以及创世神话中所扮演的角色，这不该令人惊奇。湿婆是宇宙的创造兼毁灭之神。他跳舞时，整个地球都在颤抖，整个宇宙都在崩塌，在神圣节奏的紧逼下燃烧。一切都溶解，直到集中为"明点"（bindu），即时空之外的形而上的点，许多印度教妇女将代表它的彩色标记点在额头上。然后这个点也慢慢溶解，一切都散落在宇宙虚空之中。当湿婆决定创造一个新宇宙，于是再次起舞时，循环又会开始。神圣的节奏再次产生超出虚空的振动，导致痉挛般地膨胀，产生一个新的宇宙，在创造和毁灭的无限循环中占据一席之地。

印度人很熟悉"空"的概念，这使我们能够更好地理解，为什么是他们首先将数字的一整套完备属性赋予零，并在巴比伦人已经采用的进制系统的启发下宣告了它的最终荣耀。

这和希腊人完全相反。对希腊人来说，零和无限是可怕的概念，违背逻辑，威胁着既定秩序。理想中的完美，巴门尼德心中的存在，被描绘成一个球体，在空间和时间上总与其自身相等，尤其是它是有限的。对希腊人而言，有限是完美的同义词，而零的概念就相当于诅咒。"无"怎么可能是"有"？"零"引发了原始的混乱，这并非巧合。零这个数字乘以任何其他数字，不是增加后者的值，而是消灭它，把它拖入自己的深渊。试图去除以零也不会更好，这种情况也会产生逻辑上的荒谬：没有边界、没有限制、没有形状的无限大。和"空"一样，

　　　　　　　　　　　　　宇宙创世记

与零有着千丝万缕的联系的"无限"，也令希腊人毛骨悚然。这些违背逻辑、扰乱哲学家头脑的概念，被判定为不恰当甚至危险的：它们可能播撒恐慌，激起社会混乱。

因此，西方文化建立了一种关于零的禁忌，这种禁忌也延伸到了虚空。我们必须把自己从这种仍然制约着我们思维方式的偏见中解放出来，去理解宇宙从虚空中诞生的机制。

我们所说的"（真）空"不是一个哲学概念，而是一种特殊的物质系统，其中的物质和能量为零。它是一个零能量的状态，但作为一个物理系统，它与其他所有物理系统一样，可以被研究、测量和刻画。

多年来，物理学家一直在对真空进行无数的实验。有精密的实验设备用于研究真空的奇特性质，目的是详细了解真空状态如何影响基本粒子的某些特征量。有些人甚至畅想会从真空中发现某些新的现象，一旦掌握它们就可能产生新的技术。

和所有物理系统一样，在微观尺度上支配系统行为的"不确定性原理"也适用于真空。对于任何系统（包括真空状态），能量和固有时间（tempo propio）不能同时以随心所欲的精度测量：二者的不确定度的乘积不能低于某个最小值。我们说真空的能量为零，意思是在进行了大量的测量后，结果的平均值为零；单个的一次次测量则有或正或负而不为零的波动值，这些值分布在平均值为零的统计曲线上。不确定性原理告诉我们，进行测量的时间间隔越小，所产生的能量波动就越大。

实际上，这个特征与测量过程中发生的系统扰动无关，而是某种更深层次的东西，它与物质在微观尺度上的行为有关。如果在很长的（理论上无限的）时间尺度上观察真空态，则其能量严格为零，但在很短的时间内，它会像所有事物一样波动，经历它所有可能的状态，包括那些可能性很小的、能量显著不为零的态。简而言之，不确定性原理允许在真空中暂时形成微小的能量泡，只要它们能迅速消失。这些不寻常的泡泡包含的能量越少，存续的时间越长。

因此，我们想象真空在微观尺度上的行为时，一定不能认为它是某种无聊、静态、始终如一的东西。相反，真空的纤薄织体，因无数微小的波动而不停沸腾。那些包含较多能量的波动很快会"重新归队"，但如果借用的能量为零，波动就可以永远持续下去。

如果考虑到物质和反物质的存在，事情会变得更加复杂。真空中的量子涨落（波动），可以采取自发产生"粒子-反粒子对"的形式。因此，真空可以视为取之不尽的物质与反物质矿藏。我们可以利用源自不确定性原理的不确定性，从真空中提取一个电子，如果我们立即将它放回原处，则不会有人注意到。只要足够快，这件事就能做到。该操作相当于同时提取了一个电子和一个正电子。在这里我们必须非常小心，因为电荷守恒定律没有例外，它比能量守恒要严格得多。我不能提取单独一个电子，因为这会改变整个真空状态的特性，它会带上正电。我必须总是让一个正电子也跳出来，以使系统的电荷预算达到收支平衡。简而言之，只是从真空中提取等量的物质和反物质，真空不会抗议。但粒子-反粒子对的能量问题还在：粒子-反粒子对的质量越低，它们可支配的自由离开的时间就越长。而课间休息后，不确定性原理敲响上课铃，两个"学童"又规规矩矩回到课堂。

这种机制不是抽象层面的物理学原理，而是每天都在粒子加速器中实现着的物质过程。用由射线束碰撞产生的能量撞击真空，会产生新的粒子，射线束碰撞的能量越高，新粒子的质量就越大。用这种办法，我们可以从真空中提取大量粒子，并用于完全不同的目的：从用作核医学示踪剂的放射性同位素，到大型强子对撞机中产生的希格斯玻色子。

真空是一种活物，一种动态的、不断变化的物质，它充满潜力，孕育着对立。它不是虚无，相反，它是一个充满无限量的物质和反物质的系统。在某些方面，它确实类似于印度数学家心目中的那个数字零。零也远非"非数"，而是包含着正数和负数的无限集合，它们以对称的对子排列，符号相反，总和为零。这个类比可以扩展到寂静，如果把寂静理解为所有可能的声音的叠加，声音以相反的相位叠加时就相互抵消；或者扩展到黑暗，当光波间发生相消干涉时就产生黑暗。

一想到在我们的宇宙中，引力场产生的负能量恰好抵消了与质量相关的正能量，如下假说就会自然而然地涌现：一切都可能源于真空的一次量子涨落。一个具有这些特征的宇宙，可以从一次简单的波动中诞生，而量子力学的定律告诉我们，这个宇宙可以永远存在下去。总能量为零的宇宙构成了传统大爆炸理论的一个重要变体，它使初始奇点的存在变得多余。

虚空和混沌

在某种程度上，21 世纪的科学使赫西俄德讲述的故事重新获得了现实意义，他的《神谱》用绚丽闪耀的诗句概括了万物的起源："起初产生的是卡俄斯（混沌，caos）"。这种断言完全符合科学的叙述，只要我们不使用它最常见和广为流传的翻译，即将其解读为无序、无差别的整体。相反，我们有必要恢复这个词的原义，它在古希腊语中的同根词有"敞开"（χαίνω/chaino）、"张嘴"（χάσκω/chasko）、"深渊"（χάσμα/chasma）等。这样，它就变成了一个张开的黑色喉咙、无底的深渊、幽暗的湍涡、巨大的虚空，可以吞噬一切、容纳一切。

caos 的原义沿用了很久。该词与无序概念的联系要晚得多，它首先出自阿那克萨戈拉的作品，然后是柏拉图的。在二人那里，"caos/ 混沌"变成了装着无形物质的容器，等着被一个更高的原则赋予秩序。这个更高的原则会是"心灵"（努斯，νοῦς/noûs，Mente）或"造物神"（德穆革，Demiurgo），它会给卑劣粗朴的原始材料赋予形式，从而建立"宇宙"：一个有序而完美的系统，它调控和支配一切。自那时起，这个新观念存续了两千多年。

但是，最初被理解为"空"的"混沌"，绝非混乱无序。没有比真空更加严格地有序、规范和对称的系统了。里面的一切都被精确地编排，每一个物质粒子都与对应的反粒子齐头并进，每一次波动都规规矩矩地遵守不确定性原理的约束，一切都遵循着某种抑扬顿挫又把握得当的节奏，遵循完美的编排，没有即兴的炫技。

但不知怎么地，这个完美的机制卡壳了，某个奇怪的东西闯进来占据了舞台中央，然后突然就触发了一个过程，它会产生一个不断扩张的时空，以及使其弯曲的质量与能量。

支配一切的极端有序状态在一瞬间粉碎，微小的量子涨落极度地膨胀，它由我们称为"宇宙暴胀"（inflazione cosmica）的过程驱动。此现象的许多细节我们仍然无法把握，首先就是"暴胀子"（l'inflatone）是什么，这种物质粒子被一种纯随机的机制从真空中提取了出来，会引发我们将在下一章讨论的奇妙的"萨拉班德"。*

---

* sarabanda，一种 16 世纪的西班牙舞曲，后流行于法国，演变为一种庄严而缓慢的三拍曲，第二拍时值较长是其特色。——译注

03

第一日：一股不可阻挡的气息
创造了第一个奇迹

一切都在瞬间完成。就在片刻之前，那冒着泡、骚动着的微观结构，还和它周围的其他结构一样，显得全然微不足道。

睁大眼睛，我们好像在看一个极薄的泡沫。构成它的无数微小波动让人想起神话故事中的原始液体：古希腊语的"泡沫"（ἀφρός/aphros），由它引申出爱神阿芙洛狄忒（Ἀφροδίτη/Aphrodite）的名字，她从天空之神乌兰诺斯的精与血中诞生。后者的儿子克洛诺斯为了给母亲盖亚雪恨，用镰刀砍下了父亲的生殖器，把它扔进了海里，使塞浦路斯平静的海水沸腾起来，生出奇迹。

从量子泡沫中将诞生比爱与美之神更神奇的东西：整个宇宙。但仍然无人能想象将会发生什么。自量子泡沫形成起，才只过去了 10^{-35} 秒，这么一段时间太过微不足道，甚至都无法设想。我们都希望我们关注的那颗微小的泡泡，会像所有其他泡泡一样，乖乖地回归大部队。但相反，一股不可阻挡的气息喷涌而出，使它急速增大。突然间，这个本来是按不确定性原理的严格仪式有序而平静地波动的无穷小物体，发了疯似的膨胀起来。支配着它的疯癫影响到周围的真空，无情地把真空吞噬，将它拖入同样的机制。一切都太快了，要确切地看到发生了什么，必须得回放慢动作。但面对如此之快的嬗变，没有任何仪器能够快到捕捉其中的定格细节。

然后突然间，一切都平静了下来，那个似乎已经有了自己生命的奇怪东西继续扩张，尽管速度大大降低了。

我们已经见证了一个宇宙，就是我们的宇宙的诞生。"第一日"结束，一个宇宙出生了，它已经包含了未来138亿年的演化所需的一切，而这才只过去了 10^{-32} 秒。

一个奇特的原始场

宇宙于是就始于真空的一次微小波动。真空在扩张时，有一种奇特的物质填满了它，使它极度膨胀。

第一个提出这种搅乱现代宇宙学理论的，是年轻的物理学家艾伦·古斯。他在麻省理工学院取得博士学位，以 32 岁的年龄寻求一份美国名牌大学的工作。他受邀去顶尖的康奈尔大学开研讨班，正是在那里，他于 1979 年提出了自己革命性的想法。

正如我们先前所见，传统的宇宙大爆炸理论，虽然大体上被各种观测证实，但还是留下了太多未解的难题。

第一桩"难言之隐"是奇点的起源问题。一切都出自奇点。由于"大挤压"假说已被排除，奇点是经何种机制形成的就难以理解了。20 世纪 80 年代时，人们就知道宇宙中没有足够多的物质能逾越可以触发内爆的临界密度，因此人们认为，星系的远离会因引力的作用而逐渐变慢，但不会导致灾难性的引力坍缩。总之，大爆炸是如何发生的，依然有待解释。

如果某物体尺寸不大，且可以通过纯随机的过程产生，那么在此物体中起主导作用的力就是吸引性的引力。但要启动膨胀和大爆炸，就需要一个非常强大的针对引力的斥力，或叫"反引力"。它类似于爱因斯坦首先提出的宇宙学常数，他将其应用于自己的引力场方程，使方程能有静态宇宙的解。不过，反引力比宇宙学常数大得多得多。

通常的物质、质量和能量会产生负的真空能，从中产生正压力，倾向于压碎并容纳一切。而如果有一种全新的、能产生正真空能的物质参与进来，那么，由此产生的压力就是负的，它会向外推，倾向于扩张。

另一个谜团，和可观测宇宙的不可思议的均匀性有关。在我们周围，到处都是形态各异的星系，它们有些安静祥和，有些则饱受超新星、中子星和黑洞那些令人眼花缭乱的活动的折磨。尽管如此奇妙，但是宇宙的风景却处处相似。简而言之，如果我们放眼极广大的区域，而不是纠结于局部，那么，即使在宇宙最偏僻的角落，也都是非常类似的物体。

这一情况不免让人想起这种迷失之感：你跨洲旅行，比如去吉隆坡或悉尼，下了飞机，你会发现自己依旧穿梭在相同的商店之间，橱窗里陈列的服装款式和你刚刚离开的罗马或巴黎一模一样，旅行箱、电话、照相机的情况也是一样。针对这一现象有个显然的解释：这和全球化背景下的大型经销网有关。然而，直到 20 世纪 90 年代，面对天文观测中难以置信的宇宙均匀性，人们对其背后的机制依然毫无头绪。

这个谜团还在继续加重，因为我们不断看到和已知的一切极其相似的东西：新发现的星系肖似以前见过的星系，新发现的星系团和刚刚记录在案的星系团宛如孪生。这得归功于望远镜的能力越发强大，可以用来探索宇宙中直到最近还无法企及的部分。

还有比宇宙均匀性更神奇的。人们测量宇宙背景辐射的温度，到处都一致。不管仪器朝向哪里，结果永远相同：2.72 开尔文（K），比绝对零度高一点点。

在一个平淡无奇的星系里，一个默默无闻的恒星系中的一个微不足道的行星上，科学家们突然决定看一看自己周围正在发生什么，而这一刻，宇宙中所有最偏僻的、相距十亿百亿光年的地带，都一同约定处于完全相同的温度，这是如何做到的？被观测到的宇宙的不同区域相距太远，人们实在提不出任何假说来解释这一现象的产生机制。

为寻获答案，古斯就设想：在原始气泡的膨胀过程中，如果其微小的内部空间被一个正的真空能占据——就像爱因斯坦假设的宇宙学常数——会发生什么？在所有选项中，他觉得希格斯玻色子最有希望。那些年里，人们在解释基本粒子质量的起源时，经常谈论它。

希格斯玻色子是中性标量粒子，也就是说其自旋为零。说得简单些就是，它不像其他所有基本粒子那样绕着自己旋转。诚然，希格斯场会给真空提供正能量，但如果涉及的空间膨胀迅速，那么能量密度会下降得同样迅速，于是无法提供任何推力。在一个迅速扩大的空间内，总能量要保持密度不变，就必须相应地迅速增长，而这会违反能量守恒原理。

　　但是，如果能量在断崖式下降过程中遇到一个障碍，如果能量在坠向势能零点（即真空零点能）的过程中由于某种原因暂停了片刻，会发生什么呢？

　　针对这一问题，古斯给出的答案再一次改变了人们看待宇宙起源的方式。

停不下来的膨胀

　　古斯设想的机制是，存在一个标量场，它会向真空提供正势能。这个标量场在演变过程中，会有一瞬间困顿在"假真空"状态中，这里是势能的某处凹陷，此处的势能是个非零的常值。

　　让我们试想，一个滑雪新手正从一道缓坡上慢慢滑下，突然遇到一处平地或一个深坑，于是只得停下。一时间他被困在凹陷处，为从低处出来，他必须用滑雪杖推。也许他会摔倒，但他必须重新来过，直到登上山脊。克服了小小的碍事斜坡后，他可以重新向下滑，迅速到达山谷的底部。

如果这个标量场类似滑雪者，会在凹陷处逗留片刻，那就会引发超级狂暴的现象。由于正的真空能，泡泡会受到外推，从而增加体积；由于场被困在凹陷处，能量密度就保持不变；又由于体积在增加，存储在其中的正能量就增加，于是扩张的冲动也进一步增加。

扩张运动没有将能量移出空间，而是注入了空间。泡泡膨胀得越大，扩张的动力就越大。这是指数增长的典型动态过程，在这种情况下，它有一个非常令人信服的解释。依靠多余的能量，泡泡从真空中提取填满它的其他标量粒子，而这些粒子又进一步增强了剧烈的外推。

这种场被困在坑里后，就用一种能产生巨大压力的物质填满空间，这种压力不像物质和能量的压力那样是正的，而是像爱因斯坦用宇宙学常数引入的真空能那样，是负的。

这位伟大的科学家需要的是一种较弱的排斥力来抵

消由质量和能量提供的吸引力，而且其真空能是恒定的：这种场会永远保持固定形态，宛如沉睡在水晶棺中的白雪公主。

而古斯假设的原始场却具有很强的动力。就像在童话故事里，王子的吻打断了美少女的睡眠，不过是在短短一瞬间，一个不可思议的咒语就诞生了。这种隐秘的觉醒，将场封在了假真空中一瞬间，于是产生了一种会随时间显著变化的排斥力，这个力在场被封住的时段内大得惊人，而一旦退出假真空态，它就会迅速下降。这就是艾伦·古斯提出的反引力，说是它引发了宇宙最初的剧烈扩张，而它比宇宙学常数大一百个数量级。正是这种非同寻常的负压，让一切都以骇人的速度膨胀。宇宙大爆炸就是这么来的。

在一段微小的时间间隔内，不可思议的事情发生了。那个不足质子数十亿分之一的无穷小物体经历了持续不断且速度疯狂的指数增长，使罗西尼*最猛烈的渐强音都相形见绌。转瞬间，它变成了一个宏观物体。在走出这

---

* 　焦阿基诺·罗西尼（ Gioachino Rossini，1792—1868 ），意大利作曲家，代表作有《塞维利亚的理发师》《威廉·退尔》等。

个发疯似的阶段时，它已经和足球大小相当，并且已经包含了在未来百亿年的演化中所需的所有物质和能量。在短到荒谬的一瞬间里，这个微不足道的物体，已经以远超光速的速度，膨胀了几十个数量级。"一切都不能超光速运动"这条相对论施加的限制，对一切在空间之内运动的物体都成立，但它不适用于在真空中膨胀的空间本身，或者更准确地说是真空在转化为空间。婴儿期的宇宙在奔向未来时可没有限速。

创生了宇宙的量子涨落会继续产生类似的量子涨落，后者很快把宇宙从身陷其中的坑洞中解放出来，让它回归正确的道路，使其奔向"真真空"的状态。宇宙在一瞬间就实现了这些。从时间零点开始，现在只过去了 10^{-32} 秒。但一切皆已改变。

这个阶段刚一结束，当希格斯场还在其最小势能的坑洞中平静地振荡时，那经历了如此爆炸性转变的物体中积累的能量，就转化为数量庞大的物质与反物质对，即从真空中而来的粒子与其对应的伴侣粒子，它们彼此相互作用，也和希格斯场的残余相互作用，直至一切都达到热平衡状态。

此刻，新生的宇宙就已经包含了今天存在的所有物质和能量，虽然集中在一个很小的体积里，密度和温度都非常高。然后第二阶段的膨胀开始了，它尽管也很快，但无疑比前一刻还在支配宇宙的疯狂速度慢了许多。

艾伦·古斯打开了风神埃俄罗斯送给奥德修斯的牛皮囊，里面装着会阻止他返回伊塔卡的暴风。像奥德修斯的同伴一样，古斯解开了束缚它的细银绳，放出了最强的风。地狱挣脱了锁链。

为了给这种新现象命名，古斯将使用"宇宙暴胀"（inflazione cosmica）一词，它源自拉丁语的"膨胀"（inflare），已在经济学中用于描述令人眩晕的价格上涨。

"（通货）膨胀"这个更为人熟知的表达带有负面含义，使人联想到价格失控飞涨时期的创伤经历。我们只需想想第一次世界大战结束后德国的极端情况：价格上涨形成连锁反应，螺旋式发展，无人能挡。工人们一拿到工资就跑去市场购买能买到的一切，因为第二天他们只能买一半的产品，而一周之内，工资里的钱就会变成废纸。商贩也沦为此种地狱式机制的囚徒，不停地调整着货品的价格。1923 年 1 月，买 1 千克面包需要 250 马克；到 12 月，价格已升至 4000 亿马克的天文数字。这些都是指数增长的荒谬之处。

暴胀理论的成功

"宇宙经历了一个暴胀阶段"这一假说，仍然是科学家们激烈讨论的话题，即使大多数已经认为它是最有说服力的解释。

该理论的有力优势之一，是它可以自然地解释宇宙的原则，即宇宙在宏观尺度上有极端均匀性。

乍一看，这似乎很违反直觉。只需举目仰望天空，我们就能看到太阳、月亮、行星和恒星，感知到宇宙中极其多样的结构。但其实，这只是囚禁我们的众多偏见之一，这仅仅因为我们只有非常有限的视角，凭肉眼无法穿越遥远的距离。

但如果我们使用最现代的探索工具来扩大视域，把整个宇宙都囊括进来，那么这些"局部"的差异就变成了微不足道的细节。最近的实验已经记录了 20 万个星系，得出的结论是，在数亿光年的维度上，我们遇到的结构总是非常相似、几近相同。简而言之，尽管宇宙在局部的沟壑中奇妙而多变，但如果遨游在很大的尺度上，你就会发现，宇宙非常单调，近乎无聊。

如果来看宇宙的温度分布，它的同质性会变得更加严格。自20世纪70年代以来，为了详细研究宇宙微波背景，人们计划使用装在人造卫星上的仪器，以摆脱地球大气层的干扰，从而可能进行更精确的测量，特别是在所有波长上进行测量。然而，第一批结果还要花20年，到90年代初才会获得并公布，但它们会确认宇宙暴胀理论的预测，并产生轰动。

宇宙的均匀性和各向同性令人印象深刻。实际的温度分布完美地复刻了理论的预测：宇宙就像一台巨型微波炉，它在遥远的过去就停止了加热，并自那时起就随着自身的膨胀均匀地冷却下来。相隔十亿百亿光年的区域，即使以离谱的精度去测量，也具有完全相同的温度：比绝对零度高2.72548度。辐射是各向同性的，即在各个方向上都相同，差异小于十万分之一。

是什么机制使能量得以在如此遥远的区域之间交换，直至将一切都加热到如此均匀的地步？

不可能是光，因为当光出现时，宇宙已经很大了，直径约有1亿光年，这个距离就太大了，光线是无法校正可能存在的温差的。而此时，宇宙最偏远的各地区已经"达成一致"，虽然它们彼此相距近亿光年，但温度完全相同。

　　　　　宇宙创世记

只有宇宙暴胀理论才能让我们理解这种情况可能是如何发生的。人们也提出过其他机制，但都被证明不够合理。

在暴胀之前，微小的泡泡与量子力学的约束做着斗争，泡泡的所有部分都相互接触，就像卡尔维诺在《宇宙奇趣集》中提到的那个点一样。所有部分都能相互交换信息，都具有相同的性质，尤其是温度相同。暴胀式的扩张将这种均匀性推广到了宏观的秩序宇宙的尺度上，使其成为宇宙时空的普遍属性。在此过程中，暴胀也急剧放大了原始泡泡中存在的无穷小的量子涨落。暴胀使空间膨胀，同时加大了微小的扰动，这些扰动将继续增长，直至达到星系团的规模。扩展到宏观秩序宇宙层次后，这些细小的能量"涟漪"将变成一张纤薄的网，将一切都包裹起来，上面的网结如同种子，能产生新的物质聚集体。这些密度上的变化，会促进暗物质"细丝"变稠密，继而吸引气体和尘埃，围绕着它们会诞生第一批恒星，形成第一批星系。

相距遥远的星体和量子力学的无穷小世界之间的热烈关系既严格确定而又混乱，从中诞生了充满动感和美感的物质结构。没有波动的世界不会产生恒星、星系和行星——完美的宇宙中不会有春风或是少女的笑容。我们都来自这种名为"暴胀"的异常现象，它使量子泡沫获得了宏观秩序宇宙的尺度。

当卫星上搭载的最精密仪器表明，各向同性的分布完全符合宇宙暴胀模型的预言时，即便是该理论最坚定的批评者，也不得不承认其预测能力。

然而，理论和事实之间仍然存在巨大的差异，这可能会引发新的危机，并使一切像纸牌屋一样倒塌。暴胀必然包含着一个局部曲率全为零的宇宙，即平坦宇宙。时空的曲率取决于密度，即物质和能量的含量。当密度正好等于临界密度时，宇宙就是平的，其局部曲率为零，就像一个平面，这意味着它会无限地膨胀下去。当密度高于临界点时，宇宙会闭合，局部曲率为正，它会像一个球体，膨胀会减弱，大爆炸逆转为大挤压。而当密度低于临界点时，局部曲率为负，其形状就像马鞍，这种情况下膨胀也会无限地继续下去。

如果真的发生过暴胀，那么宇宙只能是平的，起初的微小泡泡会被最初时刻的剧烈膨胀拉伸至扁平，而只有曲率完全为零的原始宇宙才能在百亿年后依然保持平坦。任何一点儿与零之间的初始偏差，都会被随后的暴

　　　　　　　　　　　宇宙创世记

胀急剧放大。

换句话说，要确证暴胀理论，最重要的方法之一就是测量宇宙的局部曲率或其物质及能量密度。正是在这里出现了问题。

时空的局部曲率依然可以从"化石"般的背景辐射中推导出来：只需测量宇宙温度那微弱的不均匀情况的角直径就够了。天上的不同两个区域之间，温度差只有几个十万分之一度，这是原始统计性波动的产物——就是在这里，实验数据无可挑剔地契合了暴胀理论的预测，即宇宙是平的。但是，这个结果与宇宙能量密度的测量值冲突：直到 90 年代初，对宇宙能量密度的测量似乎都表明，宇宙是开放的，即它有一个马鞍状的曲率。

这个冲突多年来一直是暴胀理论的痛点，引发了许多批评者对它的反对：必须放弃暴胀理论，因为该理论必然意味着宇宙的密度等于临界密度，而直到 90 年代中期，最准确的观测都表明，宇宙的密度甚至没有达到临界密度的 1/3。

随着 1998 年暗能量的发现，这一论调才被推翻。人们观测到，最遥远星系的远离速度会随时间的推移而增加，于是不得不接受这样的想法：存在一种全新形式的能量，它弥漫整个空间，并构成了宇宙总质量的 2/3。这样宇宙的密度就达到了临界值，人们也理解了为什么宇宙的形状是平坦的，而这一切都进一步确证了暴胀假说的有效性。

寻找铁证

尽管暴胀理论取得了成功，并得到了无数实验的确证，但仍有一小部分坚决的批评者强烈反对。

这样的动态过程再正常不过，是科学方法的典型体现：批评一切，怀疑不止，寻找弱点，评估其他假说，这些都是科学家职业伦理的一部分。

然而必须承认，仍然有一个关键之处很容易被质疑者指指点点。归根到底，暴胀诞生于一个标量场，该场从真空中出现，其势能不稳定并引发膨胀，但迄今为止，还没有人发现与该场相关的粒子，即"暴胀子"的明确痕迹。一旦发现它们，就是找到了暴胀的铁证，再不会有人对该理论有任何怀疑。但这种情况还没有发生，对暴胀子的追寻仍在继续。

艾伦·古斯的最初想法是，触发一切的可能是希格斯玻色子。在当时，"幻影粒子"还只是一个假说，它只是某个理论的基本要素，而这个理论很可能被证明只是许多随意猜想中的又一个。更重要的是，幻影粒子假说没有预测玻色子质量的精确值及与之相关的其他特性。只要希格斯玻色子充当暴胀子，解释暴胀是如何开始的就很容易；但要找到阻止暴胀的机制，却一点也不容易。

事实上，古斯本人和其他科学家很快就建立了多个模型，在其中，不同的标量场都可以触发相同的机制。"受阻势能"这种为了希格斯玻色子而被假设出来的假真空状态，其角色可以由一个可微弱变化的势能来扮演，该势能会随着原始泡泡的膨胀而缓慢下降。由此发展出了一大套不同的暴胀模型，它们的特征本质上取决于对暴胀子做了怎样的假设。

甚至有人发展出了"永恒暴胀"的理论模型。标量场的量子涨落可以从它自身的一小部分突然引爆膨胀，从此一个宇宙诞生并开始演化。从这一想法出发，我们可以设想，某种永恒暴胀的机制能从该宇宙边缘余下的材料中发展出数不胜数的其他宇宙，这正是现代的"多重宇宙论"所假设的。

只有发现了暴胀子，我们才能一方面无可辩驳地确证暴胀理论，另一方面区分已提出的各种模型。

2012 年，经过近 50 年的搜寻，欧洲核子研究组织终于发现了希格斯玻色子，并测量了它的所有特征，包括其质量，于是，关于它在暴胀阶段可能扮演的角色的争论，立即重启了。

这个新来的是第一种标量基本粒子，一些宇宙学家至今还认为它就是暴胀子。也有人质疑了这些研究，认为它太重了。于是人们去寻找一种类似但更轻的粒子，它可能出现在大型强子对撞机碰撞产生的一些罕见衰变中，或其他一些与希格斯玻色子关系密切的标量中，它们可能分担了产生整个宇宙这一原初的艰巨任务。

在这一点上，各方意见多有矛盾，只能等新一轮的实验研究来解决这个问题了。

预计未来几年，测量宇宙背景辐射的精度会大大提高，让人们能清晰地重建暴胀留下的那些稍纵即逝的痕迹。最近，随着引力波的发现，人们甚至希望将新仪器的灵敏度提高到能够识别"化石"引力波的水平，这些难以察觉的时空波动可以直接告诉我们在宇宙暴胀阶段发生了什么。

当我们用 LHC 进行实验，终于发现了一种新的标量，它具有与我们要找的"头号嫌犯"相匹配的所有正确特征，这时，可不要太惊讶哦。

在大统一的神话时期

暴胀并不是第一个登场的行为，尽管它绝对是最壮观的行为之一。我们无法描述暴胀开始之前那短短一瞬发生了什么，但我们知道重要的事情已然发生。一堵不可逾越之壁阻挡了我们的理解。我们只能冒险猜想，如同柏拉图笔下的洞中囚犯竞猜洞壁上的阴影那样：

这些囚犯自幼就被锁在洞中，腿和脖子皆受束缚，对外界没有任何经验，也无法直接感知洞壁之外发生的事，于是只得从世界投在洞壁上的影子开始构建自己的世界观。我们科学家也在做类似的事，以力图依靠直觉获知宇宙暴胀之前可能发生了什么。我们只能看到影子，然后想象。

通过使用粒子加速器或研究宇宙中发生的最具能量的现象，我们在可以直接探索的能量尺度上进行精确的测量，然后将这些结果外推到我们无法直接研究的能量尺度，并提出与收集到的所有观察结果一致的猜想。

我们谈论的是宇宙生命的初始阶段，其持续时间极短，只有一个"普朗克时间"，即 10^{-43} 秒，而此时的宇宙，大小是 10^{-33} 厘米。在这样的尺度下，空间既不平滑也非静态，而是冒着包含虚粒子的泡泡，这些虚粒子以地狱般的速度出现又消失，由此产生了不羁的沸腾量子泡沫，和一片动荡、混乱、凹凸不平且绝不均匀的空间。在这种时空尺寸下，量子泡沫抽了风似地沸腾，不停地波动。该区域的曲率和拓扑性质只能用概率式措辞来描述。

当前的物理理论都不能正确描述普朗克时期之内发生的事，而不同的假说会产生不同的预测。在阻挡我们视线的墙壁之外，隐藏着量子引力的秘密，这是几代物理学家几十年来一直在追逐的"嵌合怪"。也许，这个微不足道的区域内充满了微小的"弦"，它们在 10 维或 26 维中振荡、演进；或者，空间有着离散的结构，由无穷小的"圈"组成；又或者，也许大自然已经发展出把引力量子化的技巧，只是这就超出了我们人类迄今所能发挥的想象力。

到目前为止，没有人能够一瞥如此接近初始时刻的那一瞬间，或是探索如此微小的距离。针对那个时期占主导的现象，我们只能提出合理的假说：我们认为那是

"大统一时期"。各个基本力统一在唯一的场中：某个单一、原始的超级力，支配着虽然无足轻重、却将成为我们整个宇宙的那部分泡沫。

我们生活的整个世界都是由力维系在一起的，我们可以把这些按强度降序分类。列表中的第一种力是"强相互作用"（或称"强［核］力"），它将夸克结合在一起，形成质子和中子，继而用后者组织出各种元素的原子核。从中而来的，有核装置释放的能量，还有使恒星持续发光的能量。"弱相互作用"（或称"弱［核］力"）就相对羞怯了，而且明显不那么引人注目，它只在亚核距离上起作用，很少占据中心位置。它出现在一些放射性衰变中，表面上不值一提，但实际上对宇宙的动态至关重要。"电磁力"将原子和分子结合在一起，并根据其物理定律控制光的传播。最后是"引力"，它远远小于其他三个力，尽管它最有知名度。只要存在质量或能量，引力就会发挥作用，它遍布整个宇宙，控制着从最小的太阳系小行星直至最大的星系团的运动。

今天，在我们居住的这个古老而寒冷的宇宙中，这些力分别在起作用，各有不同的强度和作用范围。但通过无数次的实验，我们已经证实，这些参数都会随能量的密度而变化。能量密度的增大，看似会带来一个正义平等的原则："强者变得不那么强，弱者变得不那么弱"。强力的强度会随能量密度的升高而降低，电磁力亦如是。相反，弱力的强度则会增长，直到可以用来预测三条曲线会聚的位置，而这个位置的能量，就是上述三种力合并为单一的力时所需的能量。

在以上描述中，引力有些靠边站：它太微弱了，以至于我们无法在迄今为止探索到的能量尺度上测量其强度变化，但我们在这里讨论它，也是很自然的。

我们将普朗克时期称为宇宙演化的原始时期，此时有一种超级力统一着四种基本力。就好像在想象中的黄金时代，人与众神缔结着神圣的同盟，他们生活在一起，皆有着爱与妒忌。

在最初那微小而炽热的宇宙中，存在着优雅而完美的对称，但随着万物冷却下来，对称就一个接一个地被打破了。

第一次剧烈的分离恰好发生在普朗克时间上，是引力与其他力的分离。紧接着，在另一个转变阶段，强力从"电弱力"（elettrodebole，又称"电弱相互作用"）中分离了出来。

我们的故事甚至在暴胀产生大爆炸之前就已经开始了：在真空的一个微小部分中，一个超级力的场逐渐经历各阶段变化，"对称性破缺"将它们之间的各种相互作用分开。后续原始场中的结晶过程，将把四种基本相互作用填充进我们的世界，在突然之间改变一切。

与上述两种对称性破缺的情况不同，下面这一种是明确地将弱力与电磁力分开，对此我们收集到了毫不含糊的数据，因而能够讲出一个详细的故事。我们已经可以在实验室中研究它：我们在欧洲核子研究组织复制了它，连带着发现了希格斯玻色子这个大爆炸发生后 10^{-11} 秒时期的主角，也是我们下一章讨论的对象。

04
第二日：玻色子的轻轻一碰
永远改变了一切

　　刚刚脱离暴胀阶段的炽热宇宙已经包含了它所需的全部物质和能量，但即使能够看到它的内部，我们也不会认出任何熟悉的东西，而是会看到一种无定形的气体，它由彼此无法区分的微小粒子组成。所有这些粒子都没有质量，以光速飞行。宇宙整体看起来像一个均匀且各向同性的完美物体，在每一点、从所有角度都与自身相等，没有聚合点，没有不均匀性。

　　要不是宇宙极度膨胀，人们可能会把它和巴门尼德笔下的"存在理型"相混淆：它到处都与自身相同，在每一次旋转下都对称，没有任何缺陷和不完美。它是均匀与完美的王国，由既简单又优雅的对称性支配。假如后面没有发生令人意想不到的事，扰乱了这似乎一成不变的和谐，那么这个完美物体中就不会诞生任何东西，它将是一个贫瘠的宇宙，一番巨大的能量浪费，没有月光和花香，只有悲伤、无名和荒凉。

我们即将迎来最后一次、也许是最重要的一次转变，它将决定宇宙的命运。

暴胀的狂喜刚刚消退，宇宙还在由内部冒着泡的能量驱动着继续膨胀。随着尺寸越来越大，宇宙开始冷却，并在此过程中触发了一些能深刻地改变其动态的反应。

我们已经来到了大爆炸之后的千亿分之一秒。从这一刻起，事情就清楚多了。自从我们发现希格斯玻色子并测量了其质量后，这部分故事就没有了秘密。

这时，新生的宇宙已经非常令人震撼，已经达到了10亿千米的可观大小。突然之间，温度降到了某个阈值以下，刚还能自由行动的希格斯玻色子开始冻结并结晶。在这个对它们来说堪称极寒的温度下，希格斯玻色子可活不下去，只好躲进真空这座舒适的坟墓中。我们要有很大的耐心才能再次看到它们。要再过138亿年，地球上才会有人造出极高的能量，高到能复活希格斯玻色子，即使只复活了一瞬间。但一瞬间已足够让它们留下明确无误的存在痕迹。

和它们相关的那个场获得了一个特定的值，这从根本上改变了真空的属性。许多基本粒子在穿过这个场时，会受强烈的相互作用，速度降低，也就是说获得了质量；另一些基本粒子可以不受干扰地穿行，它们没有质量，继续以光速移动。

希格斯场的存在打破了早期宇宙的完美对称特色，弱力与电磁力截然分离。一些粒子质量增加到"重"得失去稳定性，会立即从快速冷却的宇宙中消失。还有些粒子也确实获得了质量，但仍然很"轻"，而这一特征，对于它们迅速过渡到某种相当特殊的物质结构，是基础性的。

希格斯场初来乍到，小心地按照一套清晰而简单的规则构建出多样性。那些仿佛被黏在其中的基本粒子，根据相互作用的强度彼此区分开来，并由此最终不可逆地获得了不同的质量。这种微妙的作用类似于柏拉图《蒂迈欧篇》中的造物神，这位提供秩序的工匠以数字为中介，使早就存在的无定形物质有了动力和活力。

一切都将从这次微妙的触碰中诞生，它永远地改变了万事万物。不过此刻为时尚早，我们不用着急。"第二日"刚刚结束，才过去了 10^{-11} 秒。

纳西索斯的魅力

第一次看到这幅画卷时，你一定会被那个完美的圆圈所吸引，它包含着两个人形：衣着鲜亮、俯身在水面上的男孩，和他狂喜地欣赏着的自己的倒影。这就是卡拉瓦乔选择的讲述纳西索斯神话的方式，简直绝妙。这是奥维德《变形记》中最著名的故事之一，这位美丽的青年，因为拒绝了仙女（宁芙）厄科的追求，受到神的判决：他将疯狂地爱上他唯一无法拥有的人——他自己。于是，青年将左手伸向水中倒映的自己，希望能触到心爱之人，却只是弄湿了手指。框出他俩的圆圈，更突出了联结二者的反射所具有的完美对称性。

罗马巴贝里尼宫（Palazzo Barberini）的这幅名画，一如众多艺术杰作那样，也是以对称作为阐发美的关键。

"对称"一词源自古希腊词 συμμετρία（symmetría），字面义是"有恰当的标准、尺度"，这让人想起在古代美学和哲学中占据大量讨论篇幅的"比例"与"和谐"的概念。对于希腊人和罗马人来说，作品要想美观，就必须对称，其各组成元素、各处大小都要彼此有数学关系。

中心对称，例如橙子的一片片瓤或海星的一条条腕

《纳西索斯》，卡拉瓦乔

形成的布局，在古典世界中被广泛使用，想想罗马万神庙的圆顶，或"真理之口"广场（Piazza Bocca della Verità）的胜利者海格力斯神庙即可。

"对称"的现代含义尽管与古代传统有关，但形式和造型的规律重复、平移和旋转下的变换这些，是它近代才获得的内涵。从这种新的认识出发，诞生了文艺复兴时期的真正瑰宝，例如米开朗琪罗的圣彼得大教堂圆顶，或是布拉曼特设计的奇迹：位于蒙托里奥的圣彼得教堂的坦比哀多小堂（il Tempietto di San Pietro in Montorio）。

现代的"对称"概念使它在数学上的形式化成为可能，而且在科学领域中已多有应用。尤其对于物理学，对称性不仅蕴含着关系中的规律性和优雅，而且是一种真正的调查研究工具，使我们能从大自然中得出新的法则。这都要归功于埃米·诺特，她也许是有史以来最伟大的女数学家。

这位年轻的德国学者熬了许多年，才得以在大学任教。她在1918年建立起将改变当代物理学面貌的关系式时，还是一个无薪的"代课人"，且备受排挤。诺特提出的定理规定，物理定律中的每一例连续对称性，都对应着一则守恒定律，即某个可测物理量恒定不变。

最常见的例子是在经典力学中产生守恒定律的对称性。如果某系统遵循不随参考系移动而改变的运动定律，亦即具有空间平移对称性，那么动量就是守恒的。如果时间轴平移时运动定律不变，则能量守恒。如果在旋转情况下有同样的情况，则角动量守恒。依此类推。

对称性、变换和物理量守恒之间的这种关系，在当代物理学中得到了推广。如果一个系统经历变换后，某些物理性质不变，这就有助于发现进而形式化某些关系，而它们将为新的物质概念奠定基础。一批名称奇特的物理量——奇异性、同位旋、轻子数等——会获得相应的守恒定律，这对于描述最微小的物质成分有决定性意义。

对称性的概念将变得更加广义，于是我们有了连续或离散、局部或全局、精确或近似的对称性：这些都是理解基本粒子及相应的场的动力学特征的基本工具。如果没有埃米·诺特的卓越贡献，这一切都不可能实现。

这项工作的顶峰将是确立基本粒子标准模型，这一构建具有里程碑意义，它包含我们目前拥有的对物质的最精确描述。

这是当代物理学中最成功的理论，它用数量非常有限的成分来解释物质：6 个夸克和 6 个轻子，夸克和轻子又各被分为 3 代。物质的 12 个粒子结合在一起或者相互作用，交换着其他传递力的粒子：携带电磁力的光子，传递强力的胶子，传播弱力的矢量玻色子 W 和 Z。物质粒子，即轻子和夸克，其自旋是半整数（1/2），它们构成费米子族；而自旋是整数（1）的载力粒子，则构成玻色子族。有了这个有限的成分列表，我们就可以构建所有已知形式的物质，既包括遍布日常生活之中的稳定物质，也有产生于加速器中、恒星中心的高能反应中或宇宙大灾难期间的稍纵即逝的奇特物质。

由于其强大的预测能力，标准模型立即获得了成功，名声大噪。自20世纪60年代建立以来，该理论假设的新粒子后来往往都获得了发现。而且它还能让人们非常精确地计算新的物理量，这些物理量一旦被实际测量到，就与预测一致，有时甚至精确到小数点后10位。

基本粒子标准模型的支柱是电磁相互作用与弱相互作用的统一，两者成为单一的力的两种不同表现形式，这个单一的力叫"电弱相互作用"。

一切都再次从某个对称中产生。瞥见这个对称的第一人，是恩里科·费米。三十出头时，直觉告诉他，在一个看似次要的现象——放射性同位素通过发射电子而衰变——背后，隐藏着一种新的基本力。费米在新的相互作用和电磁力之间假定了一种很强的形式相似性，进而利用这种相似性来建立对这种新力的描述，并计算其耦合常数。

后续多年，这种新的力都被称为"费米相互作用"，很久以后才更名为"弱相互作用"，为的是提醒人那个决定力的强度常数 G 有多小。而为了纪念它的发现者，G 依然被称为"费米常数"。

这位年轻科学家的创新想法为电磁力和弱力的统一铺平了道路，30 年后，这个统一将成为基本相互作用的标准模型的根本。

1865 年，詹姆斯·克拉克·麦克斯韦发表了著名的方程组，为电磁现象的统一理论打下了地基：电磁学诞生了。一个世纪后，历史重演。20 世纪 60 年代中后期，史蒂文·温伯格、谢尔登·格拉肖和阿卜杜斯·萨拉姆利用赫拉尔杜斯·特·胡夫特的决定性贡献，实现了新理论的形式化。电磁力和弱力是同一种相互作用的两种不同表现形式，从今往后应该叫"电弱力"。

新理论预测的矢量玻色子 W 和 Z 将于 1983 年被卡洛·鲁比亚发现，这标志着标准模型的最终胜利。

然而在成功的表面下，隐藏着一道很深的裂缝，即该理论的内在弱点，它可能导致主梁坍塌，致使整栋理论建筑倒下。

这一切都始于一个最简单的问题：这两种截然不同

的相互作用，怎么可能是同一个力的表现？电磁力的作用范围是无限大的，而弱相互作用只发生在小小的亚核距离之内。我们知道有这么一条一般性的物理学定律：力的作用半径与携带它的粒子的质量成反比。光子的质量为零，因此电磁相互作用可以达到最极致的距离。相反，W和Z玻色子非常大，重达八九十个质子，它们的作用半径就很小。因为弱力作用于原子核内，所以我们直到最近才注意到它的存在。

但是，无质量的光子，如何能与W和Z玻色子介导同一种电弱相互作用？真正将W和Z玻色子与光子区分开来的是什么？名为"质量"的这个量，究竟是什么？

对称性破缺之美

威尼托自由堡（Castelfranco Veneto）是意大利众多隐藏的瑰宝之一。它保留了城墙的原始结构，是从保卫它的城堡发展而来的。恰如其分地建在市中心的主教堂，是一座美丽的新古典主义建筑。它规模不起眼，无法和宗座圣殿（basilica）相比。可是一旦走进去，到达司祭席右侧的科斯坦佐小教堂（la cappella Costanzo），你就会目瞪口呆。祭坛上庄严地摆着乔尔乔内的杰作《自由堡祭坛画》（*La Pala di Castelfranco*）。这位画家出生在自由堡，他在附近小广场的故居仍然可以参观。

他的真名是乔尔乔·巴巴雷里，他一生短暂，但给世人留下了难忘的作品。1503 年，年仅 25 岁，他就开始绘制图齐奥·科斯坦佐委托创作的祭坛画。科斯坦佐是一位来自墨西拿的雇佣兵队长，受雇于威尼斯共和国，为其率领军队。他想要为儿子马泰奥（Matteo）的公墓教堂定制一幅祭坛画——这位青年 23 岁时在拉文纳附近的一次战役中死于疟疾。

乔尔乔内选择打破传统。在他之前的伟大画家，从皮耶罗·德拉·弗朗切斯卡到他自己的老师乔凡尼·贝里尼，总是将人物置于理想结构的中心，玩着优雅的透视游戏，有时会让人想起画作所处的教堂的线条。乔尔乔内保留了有力的金字塔形的图像结构，圣母和圣子就坐在"金字塔"顶部，但画家决定拆分视角并将其向外打开。高耸的、超自然的、近乎形而上的宝座脱颖而出，与沐浴着阳光的乡村和山峦那令人心碎的甜蜜景象形成了鲜明的对比。人物的渲染和背景的处理都彰显着威尼斯画派在"色调"方面的胜利，这种独特的笔触将之与

《自由堡祭坛画》，乔尔乔内

佛罗伦萨画派区分了开来，乔尔乔·瓦萨里在《艺苑名
人传》(Vite)中称之为"不画之画"。这是一种精湛的技
术，它采用颜色薄层的叠加，避免任何突然的光影过渡，

宇宙创世记

将所有边缘都笼罩在氤氲而精致的明暗对比之中。

这幅伟大的画作有着双对称轴：上下对称轴和左右对称轴。一块暗红色的大绒布划定了人间世界，地板是规整有序的方格，其上安放着宝座的底座，有两人分立两侧。上方的天界反衬出一幅凄美忧郁的风景，中间便是圣母的身影。

完美的对称被顶部的圣婴形象打破。他坐在圣母的右膝上，沉浸在对自身命运的觉悟之中。下方两个人物姿势相同，相对于画的中轴处于完全对称的位置；两人都直视着观看者的眼睛，将人带入画中，但二人的对比再强烈不过。右边的圣方济各穿着简陋的僧袍，他曾穿着这件衣服，手无寸铁地前往达米埃塔（Damietta），将他的和平消息带给埃及苏丹卡米勒。左边的圣尼卡修斯身着闪闪发光的盔甲，他是耶路撒冷圣约翰医院骑士团的武修士。他作为十字军战士在圣地作战，在哈丁战役中被俘并遭斩首，监斩的是当时的苏丹、卡米勒苏丹的叔叔萨拉丁——此人将在几年后与来自阿西西（Assisi）的圣方济各和平对话。尼卡修斯拿着耶路撒冷骑士团的十字旗，它也将成为马耳他骑士团的徽记，挑着它的长矛则是打破所有对称性的最后也最重要的元素：它侵入天界，打破了两界的分隔，最终以富有攻击性的对角斜线粉碎了构图的垂直秩序。看，在这单单一幅画中，绝妙的技巧就造成了对称性的破缺，这幅画也因而成了新颖而美丽的杰作。*

　　许多艺术作品都体现着"对称性破缺"的魅力。完美对称的有序节奏让人平静、安心，但也有平淡的风险：不令人兴奋，因为不产生惊喜。撕开对称的元素使人不安，但同时也激起兴趣，逼人走出确定性，去了解平衡中的这道裂缝会把我们引向何方。有那么一刹那我们被动摇了，有点害怕意想不到的新奇及其带来的风险；然后艺术家带我们回到熟悉的结构，让我们放心。就像当我们追随交响乐主旋律的变奏时害怕迷路，只有再次找到主旋律时才感到放心，仿佛这是给予人安慰的最后的拥抱。这些技巧被杰出的画家以及天才作曲家如巴赫和莫扎特所熟知和运用。伟大杰作的无与伦比的魅力的秘诀就是从这种不规则性中诞生的，从比萨斜塔的不同寻

----

* 以上描述涉及数次"十字军东征"的历史。萨拉丁于1171年建立阿尤布王朝，成为埃及苏丹，在1187年的巴勒斯坦哈丁战役（battaglia di Hattin）中对十字军获得大胜，但后多次败于十字军，于是缔结和约。1193年，萨拉丁去世，阿尤布王朝分裂；1218年，卡米勒成为埃及苏丹，在位期间与十字军缔结了新的和约。

常的倾斜，到蒙娜丽莎那不对称但迷人的微笑，再到当代雕塑家阿纳尔多·波莫多罗的镀金青铜球：那些光洁无瑕的球体，某种神奇数学关系的产物，被雕塑家撕裂、拆解，展示出饱受折磨的内在。

在艺术领域打破对称，或许是一种刻意之举，能令人着迷和惊奇；可为什么大自然似乎也无法抗拒同样的诱惑？

《大球》(*La sfera grande*)，波莫多罗（@bepperenzi）

宇宙在走出暴胀阶段时，还是一个完美的国度，支配它的物理定律对称得令人惊叹。为什么要打破如此完美的机制？

　　为了理解自发对称结构在物理学中的情况，我们可以举一个力学的例子：一支铅笔靠笔尖立在一个平面上。这个系统的初始状态是完全对称的：铅笔以自身为轴旋转时，物理定律保持不变，因为铅笔在绕垂直轴旋转时，引力场是对称的。换句话说，当铅笔倒在平面上时，可能朝着任何方向。这种对称态是不稳定的，如果不管它，铅笔会倒下来。在水平面上，铅笔是稳定的，但它破坏了引力场的旋转对称性，因为它选取了一个特定的方向。倒在平面上时，铅笔失去了能量和对称性，但获得了稳定性和多样性。

　　早期宇宙中也发生了类似的情况。初始的炽热状态具有高度的对称性，但不稳定；而开始冷却后，宇宙会失去对称性，获得稳定性。

　　但此时的宇宙所处的那个极低能量状态是什么？什么机制能导致电弱对称性的自发破缺？

　　在电弱理论刚始萌发之时，这个问题就已经被提了出来。人们提出了各种解决方案，但没有一个真正令人信服。1964年，正确的想法到来了。提出它的是三位三十出头的年轻科学家：两位比利时人罗伯特·布劳特和弗朗索瓦·恩格勒，以及和他们几乎同龄的英国人彼得·希格斯。

这一次又是：一些年轻人提出了一个跳出了框框的新想法，而起初没人加以理会，因为它确实是革命性的。

如果电磁力和弱力这两种相互作用的方程相同，对称性就只能被传播它们的同一介质——真空——打破。换句话，是真空造成了"对称性破缺"，因为真空不是"空"的。亘古以来，就有一个场占据着宇宙的每个角落，它就是希格斯场，由希格斯玻色子产生。这种标量基本粒子必须添加到标准模型的粒子中，只有这样，我们才能解释电磁力和弱力为何有如此不同的行为方式，彼此之间甚至连极远的关系都没有。

相反，在最初那小而炽热的宇宙中，希格斯场处于激发状态，使一切都完美对称。随着温度的降低，希格斯场被凝固在一个能量较低的平衡状态，打破了原来的对称性。W和Z玻色子获得质量，因为它们仍然被牢牢困在希格斯场中；光子继续四处奔走，没有质量的它，甚至没有注意到有什么新奇的事发生，因为场连挠都没挠它一下。

类似的机制也能解释为什么轻子和夸克有如此不同的质量。它们诞生时也都没有质量，很民主，一视同仁。是希格斯场筛选并区分了重粒子和轻粒子。与场的相互作用越强，粒子的质量就越大。

一切问题都优雅地解决了……除了一个小细节。这个希格斯场真的存在吗？谁能肯定这个优雅的解决方案真是大自然的选择？如果某处有场，相关的粒子就必须现身：发现希格斯玻色子的伟大竞赛开始了。

发现希格斯玻色子

证实希格斯玻色子确实是电弱对称性破缺的原因，花了将近 50 年。寻找物理学史上最难捉摸的粒子，就是用了如此之久。

理论没有预测希格斯玻色子质量如何，因此它可以隐藏在任何地方。几十年来，世界各地的科学家一直在做出超人的努力，试图捕捉到这种新粒子，但没有结果。现在我们发现了它，于是知道了过去的失败是因为希格斯粒子太重了，结果直到 2010 年之前，加速器的能量都不足以产生它。转折点出现在欧洲核子研究组织在日内瓦建设了大型强子对撞机之时。

粒子加速器是现代的时间机器：它们能将我们带回百亿年前，使我们得以研究宇宙起源时的现象。它们撞击真空，从中获得物质粒子。这用到了爱因斯坦那著名的质量和能量的等价关系：当一束粒子与另一束粒子相碰撞，撞击的能量可以转化为质量（$E = mc^2$），能量越高，就可以有越重的粒子产生，进而供我们仔仔细细研究。因此，粒子加速器就是已灭绝粒子的工厂，使大爆炸时立即消失的物质形式一瞬间就能复生。

LHC 是目前世界上正在运行的最强大的加速器。两三千个小的质子束团形成两束质子，在周长 27 千米的真空管中以相反的方向环行。每个小束团都聚集了超过 1000 亿个质子，这些质子被极强的电场加速，而强大的磁体会弯曲它们的轨迹，使其保持在环形轨道上并相互碰撞。LHC 的能量为 13 TeV（万亿电子伏特），但由于质子是由夸克和胶子构成的，它们的碰撞相当复杂，只有一部分可用能量（几 TeV）能转化为大质量粒子。不过，重的质子通过辐射损失的能量很少，所以很容易将它们推向更高的能量，也因此，质子加速器是最适合直接发现新粒子的机器。

电子加速器具有互补的作用。电子是点状粒子，因此它们的碰撞要简单得多，并且碰撞带来的所有能量都能用以产生新的粒子。对于进行高精度测量，以及间接地（即通过研究细微的异常）发现新粒子，电子加速器是理想的机器。而它的缺点是达不到太高的能量。像电子这样的轻粒子，当它们在环形轨道上运动时，会辐射出大量的光子，从而逸出很大一部分能量。这种损失会随能量的增加而急剧增加，最终构成一个不可逾越的障碍，限制其直接发现新粒子的潜力。

与我们的日常生活相比，加速器中的粒子碰撞产生的能量微不足道。但是在那里，在发生这些碰撞的极小空间中，自大爆炸以后还从未出现的极端条件又被创造了出来。这些碰撞产生自无数为人熟知也更传统的现象背后，而那些让我们能够识别希格斯玻色子的特殊事件，就悄悄发生在这中间。

这样的结果成为可能，得归功于名为"ATLAS 合作组"和"CMS 合作组"*的两个研究团体，它们各由数千

---

* ATLAS（超导环场探测器 / 超环面仪器，A Toroidal LHC Appara-

名科学家组成。在寻找新粒子时，选择进行两套实验几乎是强制的义务。考虑到要追捕的信号如此罕见，出错的机会又那么高，只有通过两项独立的实验，它们要基于不同的技术，由不同的科学团体进行，才可能确定这不是空欢喜一场。

ATLAS 和 CMS 设计之初就是要彼此完全独立地工作，两个团队之间也有着非常激烈的竞争：如果一组人率先成功发现一种新的物质状态，另一组人随后跟上，却只能确认结果，那么所有的荣耀都会归于前者。所以，两个合作团体中的成员都睡不安稳：己方出现问题或对方获胜的噩梦总是如影随形。

由于一系列令人难以置信的情况，两项实验碰巧都进展完美，两组人一起到达了终点线。他们同时在数据中找到了希格斯粒子存在的最初迹象，然后，当信号强到足以消除所有疑虑和谨慎时，他们在 2012 年一起向全世界宣布了新粒子的发现。新粒子的质量为 125 GeV（十亿电子伏特），在所有方面都与 1964 年三位年轻人预测

---

tuS）和 CMS（紧凑渺子线圈，Compact Muon Solenoid）都是 LHC 配备的探测器，利用它们进行研究的跨国合作团体，即以相应的探测器指称。

的希格斯玻色子相似。

凭借这一结果，标准模型又要庆祝一项被诺贝尔奖认可的新胜利了：该奖于 2013 年授予弗朗索瓦·恩格勒和彼得·希格斯，三位首先假设该粒子存在的年轻科学家中在世的两位。

谁打破了物质和反物质的对称？

现在我们发现了新粒子，事情就变得更清楚了：我们可以更好地了解转换发生的时间，并勾勒出电弱对称性自发破缺机制的轮廓。

时间 x 取决于希格斯玻色子的质量，后者又由大爆炸后 10^{-11} 秒时原始宇宙达到的精确温度决定。从那一刻起，电磁相互作用就与弱相互作用明确分离，一个漫长的过程开始了，一直持续到现在。就像落在平面上的铅笔那样，宇宙失去了对称性，却获得了稳定性和多样性。假如那地狱般束缚着宇宙的对称性没有打破，我们周围的一切，那些至今仍让我们惊叹的无限多样的奇迹，根本不可能出现。希格斯玻色子的吻打破了魔咒，把公主从绝对均匀的致命完美中救了出来。从这次分离、这个原始的"小缺陷"中，一切都被释放了出来。

今天，我们可以描述与新标量场相关的势能，并更好地理解在构建宇宙的物质结构方面发挥如此重要作用的机制。或许这神奇的时刻也隐藏着解开反物质之谜的钥匙；因此，随着希格斯玻色子的发现，新的假说不断涌现。

第一个关于反物质的想法可以追溯到 1928 年，它几乎是偶然地从保罗·A. M. 狄拉克的计算中诞生的。这位年轻的英国科学家当时才 26 岁，正试图提出一种理论来解释亚原子粒子在高能下的行为。为此，他必须调和量子力学给出的粒子描述和基于相对论效应的转换。在建立电子运动的相对论方程时，他惊讶地意识到，同样的方程也适用于正电子。最初看似纯粹形式性的巧合，很快被认为是发现了自然的另一种基本对称性。相对论性量子力学告诉我们，对于每个带电粒子，必有一个质量相同但电荷相反的粒子，我们现在称之为"反粒子"。

可能存在着"反世界"的基本组分——这个想法实在怪诞，怪到起初没有人认真对待它。但在另一位来自加州理工学院的年轻物理学家、27 岁的卡尔·大卫·安德森注意到他用来研究宇宙射线的探测器中出现了些奇怪迹象时，情况发生了变化。经过无数次的检查，他的结论明确无误：这里有一些与电子质量相同但带正电的粒子。于是，第一个正电子被发现了。反物质虽然稀有，却是我们的物质世界的真实组成部分。

从那时起，随着新粒子越来越多地载入名册，与它们电荷相反的伴侣也相应增员，此规律毫无例外。

反物质现在变得相当常见。为了使用它或研究其特性，许多粒子加速器在生产它，而且它还用于许多医院的常规临床活动中。最常见的例子是"正电子发射体层成像"（PET），这是一种诊断技术，它从正电子和电子的湮灭出发，可以重建器官的功能影像。

最使大众浮想联翩的属性之一，正是这个特性：相互接触的粒子和反粒子转化为光子对，其总能量等于初始系统的质量。这种将物质和反物质高效转化为能量的过程，催生了一系列科幻作品。

事实上，没有任何反应可以与湮灭过程匹敌。1千克物质与1千克反物质结合所产生的能量，将是1千克氢经核聚变成为氦所产生的能量的70倍，是1千克石油燃烧产生的能量的40亿倍。问题是，迄今为止，还没有人找到有效的机制来大量产生反物质。粒子加速器生产极少量的反物质，已是耗费了骇人的能源和物质成本。据估计，生产 10 毫克正电子需要花费 2.5 亿美元，简言之就是，1 克反物质的成本在 250 亿美元，这使之成为地球上最稀有、最昂贵的材料，一骑绝尘。因此，就目前而言，建造具备反物质推进器的宇宙飞船，就像《星际迷航》中的"企业号"（或称"进取号"，Enterprise）那样，并不可行。

自其最早提出以来，反物质的概念就一直伴随着一个物理学仍无法解答的问题：如果方程是对称的，且以等价的方式描述物质和反物质的行为，那么，为什么我们的世界基本只受物质的支配？我们可以很自然地假设，在宇宙暴胀阶段结束时，过剩的能量从真空中提取的是等量的物质和反物质。但反物质似乎已经从我们周围的宇宙中彻底消失了。它去哪儿了？

为了回答这个问题，成千上万的研究人员正在按照截然不同的路径开展工作。第一种假说是，大量的反物质可能已经逃到了我们尚无探索的空间区域；由反物质组成的一个个世界，由反质子和正电子组成的一个个庞大星系，都是存在的，只是至今都没有被观测到。

另一类研究则假设，万物皆因物质和反物质间细微的行为差异而起，这种小小的异常打破了原初的对称，是一切的基础。人们已经进行了详细的研究，事实上已经发现了好几种机制，使物质在粒子和反粒子的衰变过程中微微多于反物质。标准模型预见到了这些差异，但物质得到的偏爱微不足道，无法解释我们在自身周围观察到的物质大大过量的情况。

最后，近年来还出现了另一种假说：就在希格斯玻色子占据中心舞台、打破主导早期宇宙的完美对称性时，发生了某件奇特的事态，而一切可能都是由它决定的。轻微的与粒子而非反粒子的耦合偏好可能就已足够：围绕我们的物质宇宙，由是诞生。

但其他假说也还在不断涌现。例如，不对称可能正源于宇宙初期"电弱相变"（transizione di fase）的发生方式。基于这种剧烈变化发生的速度，局部异常可能已经成为新系统的一般属性，此时，物质和反物质就会分道扬镳。我们的物质宇宙会走"物质路线"，彻底放弃"反物质路线"。

要详细研究这些现象，就必须制造数千万个希格斯玻色子，并仔细测量它们最细微的特征，寻找任何可能的异常现象。这些就是人们正在用大型强子对撞机进行的研究，随着 LHC 亮度的增加，它还在产生更多的碰撞。但要真正了解发生了什么，可能还需要建造一个更强大的加速器，其能量高到能扰乱希格斯场，从而重构那一决定性转变的所有阶段，让我们能够研究它远古时的行为，尽管它现已在舒适的平衡态中休息了上百亿年。

最深刻的对称

在"超对称"这个措辞之下，实际上存在着一个复杂的理论群，它们的共同点是假设每个已知粒子都有一个超对称伴侣，即一个在所有方面都相似的粒子，只是后者更重，且与前者的自旋相差 ±1/2。因此，与具有半整数自旋（1/2）的普通费米子对应的是具有整数自旋（0或 1）的超对称玻色子，而与普通玻色子对应的是超对称费米子。在这个"超世界"中，载力子是费米子，构成物质的则是玻色子。

这一类理论预测，此种更高级的对称形式也在大爆炸后的最初时刻就发生了破缺，换句话说，超对称粒子也曾以与普通物质相同的比例填充原始宇宙的炽热环境。但是，由膨胀导致的快速冷却，使它们大规模灭绝。

无法生存的它们，几乎立刻就瓦解为普通物质，因此在我们的周围再无踪影。

但其实很可能有例外。这类理论预测，稳定的超对称粒子可以存在，即它们不会衰变为任何东西。这些重粒子只能微弱地相互作用，它们可以聚成巨大的团块，产生强烈的引力。果真如此，我们将能够了解暗物质的起源——正是它们使星系和星系团得以聚集而成。这些稳定的超对称粒子的大规模聚集，可能是那个超对称物质主导的原始时代的"化石遗迹"。

SUSY（超对称理论群的简称，来自对 supersymmetry 的缩写）的魅力还在于，它可以为统一各种基本相互作用提供更简单的图景，希格斯玻色子也将在其中占有特殊的位置。这种在 2012 年发现的粒子，实际上可能是整个超希格斯粒子族中的第一个，而超对称将能够使我们更好地理解为什么它的质量是 125 GeV。量子效应会使质量如此大的一个标量不稳定，而超对称的虚粒子为它穿上了一套保护性的铠甲，使它幸免于不稳定性。

然而，要验证该理论，仅靠其形式的优雅和在理论物理学家中可观的受欢迎度是不够的。这样的怪粒子得能从一些实验的数据中识别出来，而这迄今为止还没有发生。因此，可能是这个理论错了；抑或是超对称粒子非常重，连 LHC 都无法产生它们。在后一种情况下，可以通过它们的"虚"效应来探测其存在。超大质量的粒子可以像幽灵一样在已知粒子周围游荡，并干扰标准模型预测的为人熟知的机制。从中可能诞生我们的探测器能够记录到的异常现象，从而形成新物理学的重要"间接"发现。

追寻超对称性的活动同时在几个前沿阵地继续着。自 2015 年起，LHC 的运行能量提升到了 13 TeV，人们希望借此可以产出逃脱了迄今所有研究"追捕"的大质量粒子。同时，在寻找标准模型标量时已经探索过的区域内，人们也在搜寻希格斯玻色子的表兄弟。到目前为止，成绩都还不够，因为我们正在寻找的粒子具有非常不同的特征。希格斯的超对称近亲具有特别的产生和衰变模式，因此必须制定非常特殊的策略。我们还需要大量的数据，因为它们可能是更难产生且更难找到的粒子。

在上述所有研究之外，对 125 GeV 的希格斯玻色子的研究也在继续。标准模型可以非常精确地预测其所有特征，我们迄今所见的一切都与预测一致，但准确程度依然有限，因为我们能够产生和重建的玻色子数量很少。

对于许多衰变过程，我们的测量依然有着太高的不确定性，其中可能隐藏着 SUSY 所预测的异常情况。

人们依然在用 LHC 继续着准确、耐心和系统性的研究，不遗余力地为超对称寻找无可辩驳的证据，并暗暗希望新近发现的希格斯玻色子能成为通向新物理学的大门，希望这件 2012 年发生的事成为一长串发现的第一环。

未来的加速器

物理学正在经历一个深刻变革的时刻。如今，最后一个缺席的粒子已然找到，基本相互作用的标准模型即告完成。但就在这一理论再次取得胜利的那一刻，每个人都意识到，它无法解释的现象实在太多了，坦白说都令人尴尬。

我们还不了解宇宙暴胀的确切动力学，也无法一致地统一包括引力在内的各种基本力。我们完全不知道导致反物质消失的机制。更不用说那些有可能解释暗物质和暗能量的现象。

人人都知道，标准模型迟早要被重塑。它大概会成为某个更普遍的理论的一个特例，那个理论能用新方式

　　　　　　　　　　　　　　宇宙创世记

更完整地描述自然。而研究工作的美妙之处就在于，没有人知道这将何时发生。每一天都可能是那个好日子，只要新的物质状态出现在对 LHC 的最新数据分析中就好；我们也可能要尝试多年，等到新一代加速器问世。

在继续以上工作的同时，未来的工具也已经在设计中。新加速器的开发和应用须以数十年计。就 LHC 展开的第一次讨论始于 20 世纪 80 年代中期，而机器直到 2008 年才告建成。如果想在 2035—2040 年开始运行新加速器，那现在就该采取行动了。2019 年初，欧洲核子研究组织发布报告，描述了 FCC 项目——这并非巧合。这串字母缩写代表"未来环形对撞机"（future circular colliders），它将成为 LHC 的后代。

FCC 是一个国际性的研究团体，旨在制定项目、确定基础设施，并估算在 CERN 建造 100 千米长对撞机的成本。该项目设想，在第一阶段建设一个正负电子 FCC（FCC-ee），随后将其转变为令质子和质子对撞的机器（FCC-hh）。这是依照先前施用过的成功方案，CERN 曾使大型正负电子对撞机（LEP）过渡到 LHC。

2014 年，该提案一经诞生，便立即得到了国际社会的大力支持。这项工作涉及来自 150 所大学、研究机构和业界合作伙伴的 1300 多名物理学家和工程师。该研究给出了一份详细的报告，它构成了在粒子加速器领域确定新的欧洲战略的基础。

建设这一新基础设施的决定预计在 2020 年做出。[*]现实地估计，FCC-ee 可能会在 2028 年开始动工建设，并在 2040 年之前投入运行。FCC-hh 就复杂得多了，它还需要多年时间来实现磁体的工业化生产，开始建设它可能在本世纪 50 年代期间。

总而言之，现在正在做出的决定非常关键，它将确定一整个世纪的基础科学研究的边界。

从研究的角度来看，这两个依此顺序组合的加速器，是迄今为止的最优配置。这就像是用上了钳子，无论新物理现象藏在哪里，都让它逃脱不得。

FCC-ee 是精确测量希格斯粒子和标准模型基本参数的理想环境。这种新加速器预计首先在 90 GeV 运行，以产生大量的 Z 玻色子，再提高到 160 GeV，以产生 W 玻色子对，然后上升到 240 GeV，以产生与 Z 玻色子相关

---

[*] 本书初版于 2019 年面世。2020 年 6 月 19 日，CERN 管理机构全票通过了建设 FCC-ee 的决议。

的数百万希格斯粒子，最后达到 365 GeV，以产生一对对"顶夸克"，这是最重的夸克。

新粒子或许可以解释暗物质或新的相互作用，后者又会把我们引向宇宙的隐藏维度。我们可以通过测量标准模型的参数来间接地发现这些新粒子，而这种测量的精度需要达到令人难以置信、至今没人敢想的地步。

如果精度不够，我们还能使用蛮力。有了 FCC-hh 的 100 TeV 能量，就可以在比 LHC 高 7 倍的能量尺度上进行探索。任何新的物质状态，只要质量在几到几十 TeV 之间，都将被直接识别。我们有可能了解希格斯玻色子到底是基本粒子还是具有内部结构，并有可能研究电弱对称性自发破缺的细节。这对于理解为什么是物质而非反物质主导我们的世界，可能有决定性意义。

该项目的成本很是可观。挖隧道和装备 FCC-ee 需要 90 亿欧元，而制造 FCC-hh 所需的强磁体还额外需要 150 亿欧元。但考虑到这项投资的时间跨度，以及可能来自世界各地的资金援助，这项工程肯定能维持下去。毫无疑问，借由 FCC，欧洲正在发起挑战，并在全球关于未来加速器的争论中占据中心位置。

就在几十年前，美国还是该领域无可争议的领导者，但它现在已经采取低调姿态，似是甘愿做一配角。这与亚洲的几个虎视眈眈的国家不同——不再仅仅是日本，还有韩国，尤其是中国。

中国对基础研究的投资在逐年增长，增长的百分比我们欧洲人连想都不敢想：2000—2010年，此类投资翻了一番。如今，中国在研发上的投入已经超过了整个欧洲。它还启动了一项雄心勃勃的太空探索计划，包括一座科研用轨道空间站和一项月球探测任务，并每年建立数十所新的大学和重要的研究设施。

这表明，中国的领导阶层已经明白，对基础科学的投资可以让中国进入世界科技精英的行列。但他们的计划比这还要高远得多：他们如果认为某件事对于有意引领世界的超级大国来说具有战略重要性，那么就不会只想参与其中，还要追求卓越。

于是，这个亚洲巨人在物理学领域推出"环形正负电子对撞机"（CEPC）项目，就绝非偶然。它和我们的FCC计划非常相似：一个50—70千米长的环中，坐落着一座"希格斯粒子工厂"，即一个240 GeV的电子对撞机，然后过渡到质子加速器，后者能产生质心能量为50—70 TeV的碰撞。

该机器可建在距北京 300 千米的秦皇岛地区，这是一片近海的丘陵地带，被誉为"中国的托斯卡纳"。在中国挖一条数十千米的隧道，成本比在欧洲要低得多，而且中国似乎愿意承担很大一部分成本。

　　总之，在分裂和危机遍布欧洲之际，提出 FCC 项目可能是重新开始思考大局的好机会。如果我们这块大陆不愿将基础物理学等战略领域的领导权拱手让人，仍打算在知识及创新的发展中发挥决定性作用，那么 FCC 就代表了一个巨大的机遇。

　　在这里，对 138 亿年前宇宙起源的研究，与当下的科学、技术乃至政治挑战交织在了一起。

05

第三日：不朽者的诞生

将弱力与电磁力永远分开的创伤性事件才刚发生，表面上什么都还没改变。无处不在的电弱真空是看不见甚至摸不着的。然而，混沌系统的组分感觉到了它，那是在四处打着旋的点状物释放的狂热。

新来者会区分每个组分的行为，分配角色，确定功能。就好像在混乱无序的系统中，突然建立起了一种内在秩序，它尽管依然不可见，但很快会带来不可逆的转变。多重相互作用构成的表面无章法状态，现在隐藏着一张有等级高低和组织结构的精细的网。从这一刻起，将会有深刻的转变。接踵而至的一系列事件将使一些基本组分凝聚成越来越稳定的结构。它们就是持存的物质世界的开端，这些"小砖块"不断黏合，其上将形成宏大的建构，我们很快就能认出我们熟悉的元素。

宇宙此时已经达到了 1000 亿千米的大小，且仍在继续不可阻挡地膨胀着。它的温度尽管下降得很快，但仍以万亿 K 计。它的组成部分痉挛似地骚动着，从中，行为上的差异和一些规律性开始显露出来。片刻之后，随着温度继续降低，最轻的夸克将冻结在一个非常特殊的状态。那是一个复杂而巧妙的系统，是夸克和胶子的束缚态，占据着相当一部分真空；是一幢非常舒适的房屋，空间充足，很方便三个夸克和一定数量的胶子安居；是一所真正的游乐园，供基本组分自由地相互追逐、黏合，它们被虚粒子环抱、束缚在一片混乱的旋涡之中。这片环境设计得非常精巧，足可存续永远。第一批质子诞生了，它们是一切更复杂物质结构的基本组分，非常地坚固且结构合理，几乎可以认为是不朽的。许多其他形式的物质结构将是不稳定的，可能会在一瞬间或百万年后变成其他东西。质子则不会如此，其平均寿命长到能让宇宙至今的 138 亿年历史相比之下都微不足道。

一切都还是炽热的，但很快，整个宇宙将被"严寒精灵"控制，他的统治不会像在亨利·普赛尔谱写的《亚瑟王》中那样短暂。这位伟大的巴洛克作曲家代入了一种宇宙中不存在的原始力量，把这个精灵从长年积雪覆盖的寒冷坟墓中唤醒。*此时，我们周围的冰冷环境还不知春日为何物；被冥王哈得斯绑架的得墨忒耳之女珀耳塞福涅吃光了所有石榴籽，再也无法回到地面。†

在如此恶劣的环境里，没有什么比质子更适合生存了。这些原始单元要构成的音符，将用来谱写复杂的交响乐。它们会形成无数种组合，产生最不同寻常的变奏和最令人安心的反复。这一切会始于一个即将发生的新事件，一系列其他转变都会由此出发。

电子通过与电弱真空相互作用，得到了"比质量"（la specifica massa），于是才得以稳定地绕第一批质子运行，从而形成原子和分子。如此这般，会产生巨大的气体星云，从中将诞生第一批恒星，随后是星系、行星和太阳系，直至第一批生物体，它们会逐渐变得越发复杂，最终演化出我们。这一连串的美妙声音即将奏响，请继续收听。

---

*　普赛尔（Henry Purcell，1659—1695）是英国作曲家，"严寒精灵"是其歌剧《亚瑟王》中的角色，被唤醒后，它唱了咏叹调"冷之歌"。

†　在希腊神话中，春之女神珀耳塞福涅被哈得斯虏走后，她的母亲农业女神得墨忒耳前去搭救，大地上的万物因而停止生长；营救虽然成功，但珀耳塞福涅因在冥界吃了几颗（4—6）石榴籽，因此每年要有几个月返回冥界，这几个月里大地会失去暖意和勃勃生机。

最完美的液体

距离大爆炸，这才过了 1 微秒（百万分之一秒哦），温度还超过 10 万亿 K，整个宇宙都在沸腾着一种奇怪的物质：等离子体（plasma）。它类似于血浆（plasma），这又是一个源自古希腊的词，表示一种胶状物，更准确地说是一种可塑的东西。例如，我们称电离气体为等离子体，是说它的温度高到所有电子都从原子中剥离了出来，这样得到的介质依然保持电中性，但实际上是由带相反电荷的自由粒子组成的。占据早期宇宙的等离子体，其组成不是离子和电子，而是以近光速运动的各种各样的粒子，尤其是夸克和胶子。在那样的温度下，强相互作用就太弱了；它的耦合常数会随宇宙的冷却而增长，但此刻还无法包含产生束缚态所需的动能。

由此产生的夸克-胶子等离子体，是一种类似于理想流体的气体，其组分可以相对彼此毫无阻力地滑动，基本上无法相互作用。它是一种完美液体，一种理想的超流体，黏度近乎零，可以毫不费力地流到任何地方，穿透任何空隙。这种稀薄、滚烫、难以捉摸的"汤"，具有奇怪的特性，自从它可以在实验室中重现以来，它的每处细节都已经得到了研究，成果都相对较新，且基于使用能让重离子相互碰撞的强大机器。

最常见的加速器使用点状粒子，如电子，或最多是质子这种由少量夸克和胶子组成的复合系统。即使在后一种情况下，能量最大的碰撞也发生在基本为点状的物体之间：正面碰撞的是质子的基本成分，即夸克或胶子对，其余的部分则四散破碎。

通过特殊的手段，我们也可以在这样的机器中注入、循环和加速更大更复杂的粒子，例如重离子。它们实际上是经过电离的，即被剥离了所有或部分轨道电子的原子的核。这些带电的重离子可以被注入加速器，获得能量并与其他粒子束发生碰撞。由于它们更复杂、更重，因此碰撞也更为壮观，是真正的"烟花"，会绽放数以万计的粒子。

让我们考虑一下大型强子对撞机中发生的铅离子对撞。在这个例子中，被加速并对撞的原子核非常重，由200多个质子和中子组成，且都被赋予了骇人的能量。

极近光速（ultrarelativistico）的原子核类似于一种薄而致密的圆盘，在其运动方向上受相对论的挤压。组成它的夸克和胶子，质量随速度增加，于是也迅速增加了核物质的局部密度。当分属两个粒子束的两个"圆盘"迎头相撞时，就好像数百个单独的碰撞叠加在了一起。碰撞的中心会产生非常高的局部温度，高到可以看到夸克和胶子在一瞬间融合成一小滴前面提到的原始流体，即夸克-胶子等离子体。

最现代的加速器所能产生的能量，可以高到在实验室中再现一次迷你版的宇宙大爆炸。由于温度极高，发生这种现象的无穷小体积会迅速膨胀，夸克-胶子等离子体在一瞬间就会失去其特性，产生已知的粒子流。但是，这些从碰撞中心发射出的次级产物的性质，让我们能够追溯原始超流体的奇异特征。

质子恒久远

几微秒后，随着温度的降低，夸克-胶子等离子体能够存活的临界温度便被越过。此时宇宙中充斥着大量的光子，夸克和轻子都带着胶子一起到处乱窜，而质量已经不小的 W 和 Z 玻色子，作用范围还很有限。

随着宇宙的冷却，胶子带来的相互作用越来越强，每个胶子最终都会粘在一些夸克上并消失不见，物质开始聚集成重态，通常被称为"强子"（hadron，来自古希腊语的"强"άδρός/hadros，因为它们由夸克形成并受强力的作用）。产生稳定物质的首次尝试失败了：夸克-反夸克对诞生了，二者由胶子黏合在一起，但这种结合存续不了多久，因为它们不稳定，很快会破裂。当明显更复杂的、由三个夸克组成的系统可以形成时，一切就好多了。

新配置已经出现，就大有前途。夸克三人组，由在它们之间飞舞的胶子连接在一起，每个夸克都连着另两个，看起来是一个能够经久的系统。但实际上，在涉及较重的夸克时，事态不会太乐观：有那么一刻，一切似乎都很好，但随后它们也会显出不稳定的迹象，并在后面温度进一步下降时立即分解，产生微小的烟花。

真正的惊喜出现在组织更轻的夸克三胞胎之时。第一族包括"上夸克"和"下夸克"，这是两种最轻且最不显眼的夸克，与希格斯标量场的相互作用最弱，也仅是比极轻的轻子重。相反，巨大的"顶夸克"则有数千倍的重量，它虽然也想，但就是做不到聚成任何稳定的东西。而"小家伙们"正是在它们笨重的表兄弟一败涂地的地方取得了成功。

由此产生的架构极具简单性，堪称睿智，就像始终平衡、永不摇晃的三足桌。两个各带 +2/3 电荷的上夸克和一个带 –1/3 电荷的下夸克，构成一个带净正电荷 +1 的系统，这就是质子。

这个新来的粒子是一种稳定性原型，一种理想架构，天生持久。一组三个旋转的夸克，黏在胶子承载的强相互作用的糖浆中，成了一种坚不可摧的堡垒。尽管其基本成分很轻，但它具有相当大的质量，近乎 1 GeV，其中主要是将其结合在一起的强力场的能量。三个最轻的夸克，被一种巨大的、远大于其质量的结合能量连接了起来。正是这种"强力胶"将质子黏合了起来，也是质子质量的隐藏秘密，使质子获得了传奇般的稳定性。

随着宇宙越来越冷，其能量越发低于将质子结合起来的能量，粉碎质子就越来越难了。当质子在恒星灾难中被加速到近光速并像高能宇宙射线一样游荡时，质子的分解会再次发生，当它们与其他物体碰撞时，表现出的分解反应会与人类在粒子加速器中成功复制的相同。但这仍将是罕见现象。在绝大多数情况下，三个沉浸在黏性胶子汪洋中的轻夸克都会保持平静，并免受宇宙百亿年变化的影响。

已经有非常复杂的实验试图量化质子的稳定程度，即质子在什么限度内可以叫"不朽粒子"。结果令人震惊。

　　如果质子分解成其他更轻的粒子，即使是通过非常罕见的衰变，它的寿命也可以测量。识别这些过程中的一个，就足够解决问题了。由于我们预计质子的分解非常罕见，并且我们无法进行持续几个世纪的实验，因此唯一的可能性是在合理的时间（如几年）内，将数量惊人的质子置于对照观察之下。

　　在日本的超级神冈探测器（Super-Kamiokande）的实验中，有特殊的传感器能够识别最微弱的分解，探测器配备了一个装满 5 万吨超纯水的巨大容器。为了避免任何可能的误报，水中的最小残留杂质都不被放过，并且整个装置都安装在矿井深处的一个巨大洞穴中。因此，该实验对来自宇宙射线的干扰——可能与搜寻目标相似的信号——不太敏感。

　　我们迄今都没有观察到质子的任何衰变，因此只能为其平均寿命设定下限：高于 10^{34} 年。简言之，在实验的限度内，它是永生的。只需想一想：宇宙的年龄才刚超过 10^{10} 年。套用一则著名的珠宝广告就是："质子恒久远。"虽然就寿命而言，钻石和质子毫无可比性，但用一小罐氢气作礼物，是否可以代替熠熠生辉的钻戒，仍然颇值得怀疑。

去寻找质子可能衰变为其他较轻粒子的极罕见过程，这方面的兴趣也与大统一理论的实验验证有关。说三种基本相互作用会在足够高的能量下聚成一个单一的力，这是所有人都认为非常有说服力的假设，也得到了许多实验数据的支持。由于统一只能在目前无法达到的能量尺度上发生，因此直接观察这一现象并研究其所有细节还不可能。一些大统一的理论模型预测，质子也一定会衰变，尽管这极少发生。因此，这个如此难以记录的过程一旦被发现，就可能让我们更清楚地了解大统一理论的动力学特征。

可以想见，质子进一步构成了宇宙中普通物质的主要成分。星系的大部分可见物质都以氢等离子体的形式存在，这是一种由自由的质子和电子组成的热电离气体。假如质子不稳定，等离子体会像阳光下的雾一样消散。但这一切没有发生。质子，无论是在太空中自在漫游，还是紧紧地束缚在原子核中，似乎都是真正不朽的。就像 20 世纪 80 年代由克里斯托弗·兰伯特和肖恩·康纳利主演的老电影《高地人》中的勇士们一样，质子从远

　　　　　　　　　　　　宇宙创世记

古时代就一直在经历宇宙的沧桑，似乎没有什么能让它们为未来感到担心。*

轻而不可或缺

要构建我们所熟悉的稳定物质，还缺两种成分。第一种是质子的中性版：中子。这是质子的近亲，在许多方面都与质子相似。中子也由三个轻夸克组成，只是它包含两个下夸克（每个电荷 $-1/3$）和一个上夸克（电荷 $+2/3$）。于是就有了一个同样巨大但没有电荷的物体，其质量与质子相似，也约为 1 GeV，其中主要也是那种将质子结合在一起的胶子场的结合能。但是，中子的中性产生了一个微小却重要的差异：中子还是比质子稍微重一点，只有微不足道的 1.3 MeV，即多重 0.14%，但这个差异将是根本性的。

中子有着比质子稍大一点的质量，因此可以衰变为质子，并且根据守恒定律，衰变产物还有一个电子，以

---

* 《高地人》（*Highlander*）中两位主角都饰演存活了四百多年的（准）永生者（只有砍头才会死）。

及一个必然伴随着该电子的中微子。这是一种典型的弱衰变（有电子放出），类似于曾让费米感兴趣的放射性同位素发射电子的衰变。中子如果封装在原子核内，不会发生这种衰变。在将原子核结合在一起的强力场中，中子不能衰变，但如果无法依靠这个保护罩，它就会变得不稳定，并在几分钟后解体。我们很快就会看到这种机制在第一个原子核的形成中发挥了多大的作用。

质子和中子连同其相应的反粒子一起不断形成。正反粒子一旦相遇时，会立即双双湮灭并产生一对光子；但环境炽热，于是成对的粒子和反粒子还会继续被从真空中提取出来，以取代刚刚消失的粒子。只要温度允许，该过程会到处反复上演。在这极速、瞬息的生死循环中，物质和反物质之间最初的微小不对称就被放大了。无限小的差异终具规模，于是缓慢但无情地导致了所有反质子和反中子从后代中消失：宇宙开始仅由物质组成。

随后，宇宙的温度降至从真空中提取质子对、中子对所需的最小值以下，该过程于是停止，这标志着"强子时期"的结束。然而，宇宙仍然有足够的能量来产生正负电子对，它们将开始填充宇宙，重复起和强子类似的经历。

与质子和中子不同，电子非常轻。事实上，电子的重量差不多只有它们想陪伴的夸克三胞胎的两千分之一。电子不是复合物体，也没比它们更轻的带电粒子。结合能量守恒（物体只能衰变为更轻的粒子）与电荷守恒（电子不能衰变成一个中性粒子），我们得出结论，电子也必须是稳定的。

宇宙在大爆炸后就过了这么片刻，连最轻的带电粒子皆已充斥其中。此时的宇宙，包含了形成稳定物质的所有必要组分，但我们仍需要一点耐心。

最害羞最善良的最先离开

由于宇宙中已然充满了质子和中子，中微子的数量也增加了。它们是轻子中最轻的，质量堪可忽略不计，以至于直到几年前它们还在蒙蔽我们。事实上，直到最近，人们才发现，它的质量与零略有不同，尽管我们还不能精确地测量它。中微子是轻子，因此感受不到强力；它们是中性的，因此对电磁相互作用也无动于衷。它们唯一服从的力是弱力。这使得它们毫不冒失，应该说非常温和。中微子是很谨慎的粒子，其运动非常纤柔，以至于能够穿过大量物质而不被在意，不产生丝毫干扰。然而，在建立能决定宇宙物质组成的平衡时，它们发挥着根本性的作用。

我们已经看到，中子比质子稍重；0.14%的差异微不足道，如同两个体重80千克的人只有100克的体重差异那样。然而，质子和中子如果要彼此处于热平衡状态，它们就必须各自吸收一半的差异能量。又由于质量不同，中子的数量会略小于质子的数量。只要温度非常高，这个小细节就可以忽略不计。但随着需要分配的热能不断减少，这种差异就变得越来越重要。是谁负责减少中子的数量并增加质子的数量？是使中子消失的反应，如弱衰变——它将中子转化为一个质子、一个电子和一个中微子——以及其他有类似效果的反应。由此得出的结论是，参与这些过程的中微子气体，最终会与光子群及与之相互作用的强子物质具有相同的温度。

这个动态过程在宇宙诞生1秒的那一刻就被打断了。此时温度已经下降很多，到了为保持热平衡，每个中子对应6个质子的程度，而且情况马上还会急转直下。现在温度降得飞快，中微子不再能够维持适当的反应速率来在质子和中子之间分配热能。就在片刻之前，不同种类的粒子还维持着平衡。此时则仿佛到了"卡波雷托":这场战役已经会不可挽回地失败。* 中微子离开了战场。一大群温和纤柔的粒子从原始物质中分离出来,开始漫无目的地游荡,只带着对分离发生前一瞬间与其他所有伙伴共有的温度的残余记忆。

从这一刻起,一个已然太过稀薄的宇宙就已无法固定中微子,它们会从聚合物质的掌控中逃脱,并不再能重现那种原始的拥抱。它们将无限期地漫游,协助恒星和星系形成,这已经有百亿余年;它们数量巨大,分布广泛,将继续以惯常的纤柔穿梭而不被在意。

它们会有各不相同的演化史,但对黄金时代的记忆都将永远存在,不可磨灭地编码在它们的温度中。在那个炽热而神奇的时期,连它们也和物质玩捉迷藏,与众多粒子自由结合。今天,在 138 亿年后,极其古老的"宇宙中微子"——这么称呼它们,是为了和由恒星产生的非常年轻的中微子区分开来——仍在继续四处游荡。根据我们的计算,宇宙的每立方厘米应该包含 600 个宇宙

---

*　卡波雷托(Caporetto)战役是一战期间意大利军对德奥联军的一次惨败,意方伤亡 3 万人,被俘 26.5 万人。

中微子，这似乎是个不错的数字，但中微子与物质的相互作用实在微弱，以至于目前还没有人收集到它们存在的证据。但我们还是很确定，它们就在我们身边；我们也知道它们的温度，由于宇宙的膨胀，现在应该在 1.95 度左右。

到目前为止，搜寻来自宇宙中微子的信号还没有取得重大成果，只是发现了它们存在的指征。在某种新技术向我们揭示它们的那一天，我们将能够研究"宇宙中微子背景"（所有宇宙大爆炸模型都假设了其存在）的所有特性。由这些害羞而温和的粒子形成的汪洋依然围绕着我们，其中隐藏的秘密，对于了解宇宙在其生命的第一秒结束时真正发生了什么，具有决定性意义。

它们将构成恒星之心

在第一分钟结束时，每个中子对应 7 个质子，能量密度已经降低到它们可以开始相互聚集、形成较轻元素的原子核的地步。

这是一个至关重要的时刻，因为此时宇宙的密度和温度正类似于恒星的密度和温度。参与高能碰撞的质子和中子可以彼此反应，并通过强力形成束缚态。当一个质子与一个中子融合时，它就变成一个氘核；两个氘核融合在一起，就会产生第一批氦核——这种轻元素的原子核由两个质子和两个中子组成，"氦"这个名字源自古希腊的太阳神赫利俄斯（Ἥλιος/Helios）。事实上，为恒星巨大的核熔炉提供燃料的氢，最终全都会变成氦。

要形成氦原子核，必须将两个氘核融合在一起，这个过程很容易发生。由四部分组成的原子核非常稳定，因为它的每个组分间都有极高的结合能。余下的所有自由中子也都将参与这些"方舞"*，不再随意游荡玩耍。出于这个原因，氦原子核将在总质量中占到约 24%。剩下的约 75% 由质子组成，这些质子保持着"单身"状态，一旦情况允许，随时可以转化为氢原子。零零星星地，还会出现痕量的再重一点的原子核，如锂和铍。

宇宙中所有原始原子核的形成时间只有 3 分钟。这之后，温度和密度将不再高到足以维持核反应。这样很好，因为如果上述过程持续太久，宇宙会消耗大量的自

----

* quadriglie，亦称"四对舞"，一种欧洲舞蹈，流行于 18、19 世纪，舞蹈中，四对舞者站成方形。但氦核并非四对粒子，而是四个重子依方形排布。

由质子构建更重的原子核。即使这样的过程只持续 10 分钟，所有的氢也会几乎消失殆尽。

宇宙中大量存在的氦也是对大爆炸理论的一种确证。氦元素也在恒星的中心产生，但如果没有原始的氦，加法就不能成立，因为即使宇宙中的所有恒星都燃烧了 140 亿年的氢，也不可能产生已经测量到的如此大量的氦。

那时产生的原子核在接下来的数十亿年里不会再发生变动，即使在今天，它们仍构成了宇宙中现存原子核的大部分。很久以后，已有原子核的行列中才会加入元素周期表中的重元素，它们将从超大质量恒星的巨型核熔炉中诞生。

理论计算估计，质子和中子间的质量差异要是再稍大一丁点，就会引发灾难性的后果——蝴蝶拍打翅膀这种不值一提的小事，也会令一系列灾难随之而来。质量上的差异会显著改变质子与中子的比例，我们会有更多的氦和更少的氢。简言之就是，第一批恒星中将没有足够的氢来引发核反应。一切都将永远笼罩在最黑的黑暗之中，宇宙将仍是一片深不可测、悲惨、阴暗的空间：没有恒星，就不会有重元素，进而不会有构成岩石行星的原材料，于是没有条件发展出基本的生命形式，因而也永远不会在有朝一日出现某种生灵，能够思考、体味上述种种事实的伟大。

所幸，这一切并没有发生在我们的宇宙中。走钢丝的人在钢丝上奔跑，似乎随时都可能从某处跌下；观众则屏住呼吸，害怕悲剧即将来临。然而，"飞人"总能优雅而轻盈地找回平衡，在雷鸣般的掌声中完成壮举。

还需要很长时间，能量才会下降到足以形成第一批氢原子。我们只得等到宇宙温度降得足够低，低到无法打破使电子围绕原子核中的质子运行的电磁约束。但在"第三日"结束之时，已经有了非常重要的进展，而距离这次非凡冒险的开端，仅过了 3 分钟。

06

第四日：终于有了光

在最初的几分钟之后，节奏发生了粗暴且完全出乎意料的变化。宇宙所经历的一连串痉挛似的转变突然平息下来，一切都松弛到几乎完全消失的程度，过程慢得让人不堪忍受。我们刚刚从交响乐开场的"渐强最急板"中恢复过来，正等它过渡进一个更规律、更安心的节奏，这时突然一切都陷入了一段不知通往何处的"极缓板"（或"极广板"，larghissimo）。

各种过程现在都变得无限地慢，"时期"被不成比例地延长。见证最重要的转变，需要很大的耐心。在较轻元素的原子核形成后，数十万年都不会发生什么重要的事情，除了一切继续膨胀和冷却之外。

在这段看似无穷无尽的时期，宇宙中充斥着黑暗的迷雾：这个不透明的世界由基本粒子和原子核组成，它们混合在一起，沉浸在光子和电子的汪洋中。未知的暗物质粒子秘密地参与了这场似乎永无止境的萨拉班德。没有结构，没有层次，没有组织。什么都没有。

没有一束光线能够穿透这片黑暗而充满扰动的等离子体。电子和光子互相追逐，玩着"抓人"游戏。光子被渗透万物的高密度电子气体不断吸收又迅速释放，逃不出这窒息的环抱。

这个不透明的黑暗国度将存续数十万年。任何晦暗境地都不堪与之相比；这无边的环境黑暗而又绝望，连最具想象力的科幻描写也无法与它的阴郁氛围匹敌。

与以往一样，转变的关键来自温度。随着宇宙继续膨胀，温度不可逆转地下降着。当宇宙接近3000K时——这大约是在太阳表面测得的温度的一半——一切都会发生变化。此时，不透明的雾开始消散。随着温度降低，电子的动能减少，不再能破坏自己与质子的结合（电磁力）。电磁吸引力盛行，于是，无数四处游荡的自由而狂野的电子被电磁场驯化。它们将不再自由，而要被迫围绕带电的原子核稳定地运行。

第一批原子形成了，主要是氢和氦。它们处处涌现，等离子体也分解成超大量的气体，无情地吸收全部的原子核和电子。物质开始获得中性且稳定的形式。此刻，原子是新奇事物，它们将构建越发复杂的结构，从而导向进一步的转变。

一方面，电子被困在舒适的原子轨道壳层中，对自由的终结认了命，另一方面，这对光子来说，则意味着长期奴役的结束：它们突然从与物质的结合中解脱出来，可以自由地奔跑；它们将光带到宇宙的每个角落，以此来庆祝这一崭新状态。宇宙突然变得透明，充满光辉。

自此，光子就自由地奔跑起来，在一切东西上反弹。随着时间的推移，它们会变得能量越来越低，频率也降低——这是明显的虚弱迹象。沉浸在越发冰冷的"温泉浴"中，它们将继续振动，但越来越弱。即便如此，它们仍带着对过去的不可磨灭的记忆，在那个时代，辐射主宰世界，物质还没被组织成原子。

总之，终于有了光；一如《圣经》所言，只是并非立时发生，也绝非易事。"第四日"刚刚结束，已经过去了 38 万年。

充满暗实体的无光世界

在形成原子核所需的几分钟之后，数十万年间没有发生任何重大事项。宇宙的膨胀和冷却还在不间断地继续：宇宙的大小很快就超过了 1000 光年并继续增长，而温度仍以百万 K 计。那是一个巨大、炽热而黑暗的物体，一个地狱般的世界，没有光亮，遍布晦暗的实体。

一种难以捉摸的不透明迷雾弥漫并笼罩着宇宙。电子、光子和其他基本粒子的气雾，包围着质子、氦核和此时业已形成的稀有轻元素。

温度仍然太高，物质无法在电磁力的吸引下聚集。带正电的质子和氦核试图结合四处纷飞的电子，但告失败。热骚动使电子充满能量，以至于即使形成结合态，也会在一瞬间断裂。吸引力太弱了，无法与将电子带到远处的狂暴动能抗衡。在庆祝电磁约束的伟大胜利之前，必须耐心地等到温度急剧下降。

所有的物质粒子都沉浸在与系统温度相同的光子浴中，但一丝光亮皆无。笼罩着宇宙的奇异雾气密度极高，以至于每个光子都被不断吸收又立即重新射出。

光子与物质尤其是与电子的拥抱紧得窒息，容不下任何自由。它们的平均自由路径接近于无穷短。每当被一个进行碰撞或被加速的电子发射时，光子都希望长途旅行，奔向无穷远，但很快就被其他东西吞没，连反思自己悲惨命运的时间都没有，就又开始了被发射又被吸收的无限循环。

在这奇怪世界的黑暗中，隐藏着更神秘的物质形式。目前为止，我们还很少谈论它，因为我们不知道它到底是什么，因此也很难将它们准确地置入带我们走到现在的事件序列中。但在不透明的黑暗时期，宇宙中已经有了大量的暗物质。

1933 年，有非凡的创造力和另类的幽默感的瑞士天体物理学家弗里茨·兹威基，首次提出宇宙包含大量不可见物质的假说。据说，当其他科学家对他的理论表示怀疑时，他会侮辱他们为"球形混蛋"。面对一脸疑惑的对话者，兹威基解释说，说他们是球形的，因为无论从哪个方面观察，他们都是混蛋。

在研究后发座星系团时——我们今天知道它包含一千多个星系——兹威基注意到，最靠近星系团边缘的那些星系，速度有问题。它们的运动不能用从光中获得的可见质量的分布来解释。引力的影响不足以解释最外层星系为何有如此快的轨道速度。一切都表现得好像星系团中隐藏了多得多的物质。兹威基计算得出，要解释这一情况，必须有比可见质量大得多的质量，他称后一种东西为"暗物质"，因为它不发光，仍然隐藏在宇宙的黑暗之中。他的这一理论在很长时间里都受到刻薄的抨击——"球形混蛋"的数量没有减少的迹象。

美国天文学家维拉·鲁宾的工作扭转了局面，她继承了亨利埃塔·斯旺·莱维特，这位发明了用造父变星测量远距离的方法的人的衣钵。鲁宾是极少数在20世纪60年代就有机会使用大型望远镜的女天文学家之一。据悉，她开始在帕洛玛山（Monte Palomar）用望远镜工作时，独力筹建了一个女卫生间，因为这座当时世界上最现代化的天文台的建造者，没有预见到女性天文学家也能在此处工作。

鲁宾非常系统地测量了螺旋星系中恒星的公转速度。她从仙女座开始，发现最外层物质的运行速度与内层的恒星相当。这与预期相反，因为仅由可见物质产生的引力应该使外围的速度低很多。星系团内一个个星系的整体运动也受到了类似的观察，得出的结论舍此无他：古怪的兹威基是对的。鲁宾的计算表明，暗物质的量至少是可见物质的 5 倍。螺旋星系必须沉浸在一个由完全未知的物质构成的巨大圆环中，没有它，螺旋星系在远古时代就会解体。

20 世纪下半叶，表明暗物质存在的实验证据越来越多。不同的调查方法都得出了相同的结果。当我们能够测量围绕许多星系的庞大氢云的转动速度时，当我们用引力透镜进行的观测成倍增加时，暗物质的间接证据就会出现。兹威基也预言了这种现象，将其描述为广义相对论的必然结果。这位充满灵感的瑞士天文学家比其他人更早地明白，质量的高度集中可以使时空变形，从而产生与透镜相同的光学效果：穿过变形区域的光线在偏转时会产生难以置信的伪影（artefatti）；在望远镜采集到的图像中，同一恒星或同一个星系，可能出现两次、三次甚至四次。

这些幽灵，这些分身的图像，可能让我们怀疑某人喝多了然后突然看到重影，但实际上，它们将成为新式测量工具，让我们看到原本看不见的物质形式，并确证宇宙中暗物质的丰富程度。

尽管有越来越多令人信服的实验证据，尽管没有人敢于质疑维拉·鲁宾的发现的重要性，但诺贝尔委员会出于完全无法理解的原因，从未授予她应得的奖项。

今天我们知道，大约 1/4 的宇宙是由暗物质组成的，但还没人知道它到底是什么。

有人认为它可能是中微子气体，但这些气体太轻，无法解释观察到的引力效应。如果超对称理论正确，就会有一批批非常重的、名称奇怪的新粒子能解释暗物质，但由于迄今还没有发现超对称粒子，所以说星系周围的圆环是由"引力子"（gravitini）或"中性微子"*组成的，现在仍是主观武断的假说。

人们仍然在寻找可以解释这个谜团的每一种弱相互作用的重粒子。越发复杂的实验正在大型地下实验室中进行，设备被送入环地球轨道，有最强大的加速器用来寻找新粒子——但至今都还徒劳无功。

有些人认为，与其寻找重粒子，不如将注意力集中在中性的超轻粒子，即所谓的"轴子"（assioni）上。提出这个名称的是美国物理学家弗兰克·维尔切克，他似乎是借用了 50 年代著名洗涤剂的名称，认为新粒子绝对

---

* "中性微子"（neutralino）又称"超中性子"，是超对称预测的一种假想粒子，并不是"中微子"（neutrino）这种已获发现的轻子。

会"弄清"一切。轴子会是稍纵即逝的极轻微粒，或可用来解释已知粒子的衰变中的微小异常，并且几乎只能通过引力与普通物质相互作用。但是，这一假说目前也没有得到证实。对轴子的追寻仍在继续。

不管这个谜题的解决方案可能是什么，暗物质肯定是在之前的某个阶段出现的，也许是紧接在暴胀阶段之后。暗物质也像其他一切事物那样冷却下来，开始在其最初完全均匀的能量分布中显示出微小的温差。这些差异源于被放大的原始量子涨落，放大它们的，是暴胀，及其与无处不在的汹涌的光子海洋的相互作用。

在这个不透明的时期，我们把暗物质想象成一张薄薄的细网，一张黑色、纤细但非常密实的蛛网，将所有东西一股脑地都包裹起来。此时，在黑暗的等离子体的动态状况中，它的空间分布还不起什么作用，但它很快就会触发一种浓缩机制，在任何有微小能量波动的地方都会使物质变得更密集。在这张薄蛛网中，密度最大的那些节点将是我们的物质世界开始变稠密的纬线。第一批恒星将在那里诞生，星系也将在那里萌发、绽放。

物质的时刻到来了

不透明的黑暗统治持续了好久，似乎简直没有什么东西可以打破它的平衡。

但当温度降到 3000K 以下时，有些事就不可挽回地发生了。这个温度值标志着一种界限，一旦越过就会引发一系列不可逆转又相互关联的现象。大爆炸以来，已经过去了数十万年，物质的组分仍然完全沉浸在辐射的光子海洋中，共享它的温度。两者间的持续相互作用保证了热平衡，高密度又使这种热平衡变得狂热。然而随着膨胀，事情突然开始起了变化。

有必要强调一下，这一切都与辐射和物质间的行为差异有关。宇宙的膨胀使其体积随半径的立方正比增加：就像一个膨胀的气球，双倍的半径对应于 8 倍的体积。物质和能量的密度因体积的增加而减小，与半径的立方成反比。然而，对于辐射中的光子，一个额外的机制开始起作用，进一步降低了它们的密度。随着空间的拉伸，光子的波长增加，其能量因而减少。简言之就是，辐射造成的能量密度比物质造成的能量密度下降得更快。当半径增加 1 倍时，前者会缩减到初始值的 1/16，而后者只缩减为 1/8。

长远看，这种平衡会灾难般地被打破。这发生在大爆炸之后 38 万年。在那一刻，辐射与物质分离，它们各自的命运将遵循完全不同的路径。光子的密度会减小，直至它与电子和质子的相互作用越来越少，打破热平衡。一个漫长的衰落开始了，此前主导世界的辐射变得越来越轻、越来越次要，直到它成为宇宙总质量的一个无足轻重的部分。

很快，温度将下降到这一点：电子和质子间电磁连接的势能将超过热扰动的动能。然后电子就能够稳定地与质子结合，并产生第一批原子，主要是氢和氦，然后是锂、铍和其他一些轻元素。摆脱了与光子的持续相互作用，原子将找到自己的稳定性。

从这种新的事物秩序中，诞生了中性的物质，它与辐射的相互作用也因而越来越少。氢和氦组成一团巨大而稀薄的云，占据整个宇宙，它的演变将决定后续的历史。在辐射主导宇宙数十万年之后，这种创伤性的分离标志着物质时期的开始。新纪元会带来星系、恒星和行星的形成，直至发展出复杂的物质形式，最终演变为生物体。一个新的国度正在兴起，并将持续百亿余年，且时至今日，我们依然看不到它的终结。

　　至于光子，则彻底褪去了禁锢自身的束缚，从看似无法抽身的环抱中解脱了出来，终于可以到处自由旅行。光子海洋从物质中撤出，却占据了新形成的原子未占据的一切空间，并携带了一种新形式的能量。宇宙变得透明，光线可以从一侧穿越到另一侧。但这种光与我们习惯的白光不同。如果我们不顾其中的荒谬，假设自己竟然能身处当时，我们的眼睛会看到一种泛红的闪光。它是一种温暖的光，且波长超过暗红色，后者标志着人类可见波长的上限。但有趣的是，它很像我们用电视遥控器换频道时发出的那种光。但毫无疑问，它是光，宇宙变得透明了，被光穿透。

墙中秘信

　　在耶路撒冷的哭墙，这个犹太教的至圣之地，信徒们会依古老的习俗在其石块缝隙中插入字条。每年两次，所有这些字条都会被清除，一群工作人员会借助小工具，小心翼翼地取出塞进细缝的纸片，为后面几个月将要取而代之的新纸片腾出空间。旧纸片并不会被扔掉，而是埋在橄榄山，这座离老城不远的山丘上的犹太人墓地里。

哭墙在希伯来语中叫"西墙"，是罗马占领期间"犹太行省"的代理王大希律王建造的城墙。工程始于公元前19年，于公元64年结束，目的是加固第二圣殿，这处犹太教的至圣之地所在的小山。公元70年，提图斯(后来的罗马皇帝)的军队亵渎了圣地，推平了这座圣殿，此后它从未再建。这就是世界末日，"天启之日"。原建筑的唯一残迹，只有希律王建造的护墙。从那时起，它一直被所有犹太人尊奉为祈祷之地，并用来追忆那段至伤至痛的历史事件。

许多世纪以来，人们到西墙前哭泣和祈祷，铭记导致先人大流散的可怕不幸。耶路撒冷的住民称它为哭墙，因为朝圣者在将手掌和额头抵在墙上祈祷，触碰到古老的石块时，会抑制不住痛苦和激动。

从中世纪开始，朝圣者通常会留下来访的痕迹，如刻划、涂鸦甚至石膏手印。随着时间的推移，这些习惯被禁止了，因为它们可能对古老的石头造成不可挽回的损坏，于是，在石缝中留下小纸片的习俗开始流行，并一直延续至今。但现在游客太多了，必须定期清理罅隙，为后续的游客要存放的纸片腾出空间。这些卡片上写着祷告或求助，是非常个人化的祈求，往往隐藏着留言之人家庭的痛苦和秘密。无数代信徒的希望和苦痛，就积聚、隐藏在这些细缝之中。

类似的事情也发生在另一类"墙"中，它比哭墙的物质少得多，当然也更难以触碰，但也古老得多。我们说的是"宇宙微波背景之墙"。

在那极其遥远的时期，从物质中分离出来的光，数十亿年来一直保留着对那次创伤性事件的记忆。此时，最先体验到自由之狂喜的原始光子依然存在，并充斥宇宙的各个方向。随着时间的推移，它们的温度已从3000K下降到略低于3K。此时，宇宙的大小增加了一千多倍，时空的拉伸大大增加了光的波长。现在它们不再在红外频率上振荡，它们的歌声变得更为深沉，几乎不可听闻，最终停留在微波区域。对，这与我们在厨房中用来解冻的辐射几乎相同。事实上，此时，整个宇宙已不能与任何其他系统交换能量，它就像一个巨大的微波炉，一个遵循相同定律的巨大"黑体"。

奇妙的是，那个时期的不可磨灭的印记，就像一些岩石中发现的化石那般，一直印在 CMB 的光子海洋中。光与物质的最后一次接触，在它分离出来之前的一瞬间，留下了清晰的痕迹。这痕迹虽然已经逐渐淡去，但仍让我们获得了宝贵的信息，让我们回到了物质与辐射携手并进的时代，甚至更为久远。

能够看到遥远的过去，透过望远镜目睹宇宙诞生的大爆炸时刻，是每个科学家的梦想。利用光，即电磁辐射的光子，是不可能实现这个梦想的，因为到了距宇宙开端38万年处，就有了某种墙，一道无法逾越的屏障，让我们无法直接看到此前发生的事情。但就像哭墙那样，从这道墙的小空隙，那些可以从表面的紧凑背后瞥见的细缝中，我们能发现宝贵的信息。通过测量和解释这些信息，科学家们设法窃取了物质开始占主导的那一刻的秘密，连同这些秘密，他们还收集了关于以前发生的一切的宝贵信息，甚至触及了以宇宙膨胀为标志的第一次大转变的瞬间。

一段非常详细的故事

CMB是关于宇宙起源及其转变的最宝贵信源。

自1964年彭齐亚斯和威尔逊的发现以来，越来越复杂的实验已经产生了极大量的结果。CMB可以看作一种矿藏，它储量极其丰富的矿脉已经为我们提供了超多数据。但是还有很多东西需要挖掘，我们也知道还有一些隐藏的矿脉迄今尚未开发，却包含着非常有价值的信息。

CMB 由来自四面八方的低能量光子构成，重构这些光子，就有可能获得整个天穹的图像，并从中提取到海量的信息。

CMB 的第一个特征是温度分布的极端均匀性。它拥有理想黑体光谱，辐射非常微弱，使宇宙的温度仅比绝对零度高 2.72 度。说宇宙会表现得像一个巨大的、完全隔绝的理想微波炉，这一假说是正确的。与物质分离后的原始光子持续冷却了百亿年，但仍然记得自己与物质在热平衡状态中共处了 38 万年。辐射流在各个方向上都是均匀的，但有一些微小的区域有极小的温差，显示出非常独特的结构。

温度分布的这些不规则性或说各向异性，已经得到了非常详细的研究，因为它们包含了关于宇宙在最初时刻发生了什么的宝贵信息。它们就像哭墙缝隙中的小纸片，向我们讲述着秘密和久远的故事。它们是量子涨落留在 CMB 中的印记——量子涨落曾使从真空中出现的微小泡泡在表面产生涟漪，而这些小泡泡后来被暴胀放大得不成比例。这些一度无穷小的一份份空间此时已经膨胀到骇人的规模，覆盖了整个整个星系团的区域。在最现代的实验（如于 2013 年完成任务的"普朗克"人造卫星所进行的实验）重建的迷幻天空中，我们看到了量子力学在星系尺度上的运作。

过去认为，普朗克和海森堡的理论只能解释微观现象，这种旧偏见最终被观测数据所打破。CMB 构成了一张清晰易读的密度图，描绘的是物质与光子分离时的密度。任何微小的局部温差，都可以归因于光子经历最后一次扩散的那一刻，即光子与物质最终分离的前一刻的物质密度差。它让我们看到了巨大的宇宙蛛网，星系的第一批种子就是围绕它构建的。

借详细分析微小不均匀性的分布和尺寸，就有可能获得有关宇宙几何形状的珍贵信息。

一个封闭或开放的宇宙会以一种特有的方式使这些遥远物体的图像变形，因为光子会沿着会聚或发散的轨迹运行。从这些不均匀性的大小和角分布，可以毫不含糊地确证：我们的宇宙是平坦的。这意味着物质的密度非常接近临界密度。因此，CMB 进一步向我们证实了暗物质和能量的存在，其各自的比例我们今天也能精确测量。最新数据表明，宇宙由68%的暗能量、27%的暗物质和仅5%的普通物质组成。

通过模拟暗物质造成的时空弯曲对图像产生的形变效应，即"引力透镜效应"，我们可以从CMB中获得暗物质在宇宙中的三维分布图。详细了解这张精细的宇宙蛛网是如何织就的，我们就能更好地理解导致第一批恒星和第一批星系形成的机制。

定量分析CMB中原始温度的波动如何分布，我们就获得了一条暴胀理论的最可靠确证。展望未来，预计我们很快就能通过测量CMB的"偏振"，来获取新的、更完整的结果。

辐射的偏振会告诉我们，电磁波是否优先在某个方向上振动。宝丽来（Polaroid）太阳镜的成功就源于这个机制。例如，阳光在水面上的反射就是由偏振光组成的，即反射光线的电磁场只在水平面上振荡。如果使用"垂直滤光片"这种只允许垂直振荡的波通过的薄片，烦人的反射就会被吸收。偏光镜片的玻璃或塑料镜片就内建了垂直滤光片，可吸收导致眩光或视觉不适的反光。

CMB在与物质介质的相互作用中变得偏振化，因此携带了有关宇宙历史的额外信息。这个特征能告诉我们更多的关于辐射和物质最后一次接触的信息。"线偏振"（平面偏振）的各种形式可能与物质的密度有关，从而能为我们提供更多细节，如"分离时刻"的暗物质分布。

最现代的实验已经能够测量这种弱偏振，并获得重要的结果。科学家们最热衷于寻找涡旋型的偏振，但至今尚未找到。这种偏振可能产生自光子与早期引力波的相互作用。它包含着更微妙的效应，那是一种极微弱的偏振，但被星系际尘埃产生的类似现象所掩盖。对实验物理学家来说，这可真是一场噩梦。

如果能够识别出光子和引力波最后一次相遇留下的信号，那么，这将是宇宙暴胀明确无误的印记。科学家们几十年来一直试图找出这种奇怪的偏振，对于许多依然未解的暴胀阶段的秘密，它可能是那把"宝箱钥匙"。例如，这种偏振或可让我们确定，在大爆炸后的最初瞬间内产生的初始波动，具有怎样的能量规模。

为了更好地理解宇宙暴胀，科学家们的箭壶中还有其他箭羽可以射向标靶。为了区分可能触发暴胀的各种不同的标量场，人们正在思考如何更精确地观察原始星系的大尺度结构。它们的分布应该遵循暴胀场的微小波动的痕迹：由于暴胀，暴胀场依然还印在 CMB 中。我们必须收集尽可能多的原始星系样本，在最遥远的星系还在形成的时候就观察它们：这就是即将在太空开始的新一代实验要做的事情。借助迟早会被发现的宇宙中微子和化石引力波，暴胀的秘密应该很快就会被完全揭开——除非大型强子对撞机产生的数据中先出现了一些新的标量，带给我们额外的惊喜。

我们现在已经到了"第四日"的尾声，距离大爆炸已经过去了38万年，宇宙正在进入一个非常有趣的阶段：第一颗恒星将从一系列转变中出现。一部分物质即将自行组织成一种动态的、动荡的新形式，它将照亮宇宙，把宇宙变成壮丽的奇观——即使对于我们这双灵敏度如此有限的眼睛来说也是如此。从将在恒星中心点燃的巨大熔炉中，将诞生重元素，它们注定会产生其他形式的聚集体，更平和、更少动荡，那就是行星。在这里，重元素将转化为岩石、空气、水、植物和动物，包括我们。我们如果开始乐于接受自己在字面意义上的"恒星之子"身份，那就也必须承认自己是那些因暴胀而扩大的量子涨落的曾孙——没有量子涨落，第一批恒星就不可能聚集形成。

07

第五日：第一颗恒星亮了

物质时期才刚刚开始，转变的节奏越来越慢。到目前为止，引力作为最弱的相互作用，仍然处于边缘位置。现在它显露了存在感，起初细微到几乎难以察觉，但很快就会专横地占据舞台中心。

随着物质和辐射的脱钩，事情变得更加清晰。辐射均匀地分布在整个可到达的空间，宇宙变得对光透明。但是现在，标志着最后一次变形的光芒消失了，因为宇宙的膨胀已经将波长拉长到了可见光的阈值之外。宇宙充满了辐射，仍然很热，但它又一次陷入了一片漆黑。

物质在引力的作用下缓慢运动，稳定成原子，形成巨大的氢氦云。在黑暗的保护下，一个巨大的暗物质网笼罩宇宙。此时的暗物质，已经比普通物质丰富得多了。

宇宙暴胀之前的量子涨落所产生的些许密度异常已经急剧扩大，现在这些区域周围开始发生一些事情。我们假如可以透过隐藏一切的黑暗面纱，看到它的背后，就能见证气体缓慢但无情地积聚。这些轮廓不规则的异常区域，密度略高于平均，因之产生的引力会吸引其他物质。就这样，出现了越来越壮观的物质聚集，并且在此过程中，物质的分布获得了越来越明显的球对称性。

　　这个过程非常缓慢，需要数亿年。但是，尽管它进展的速度几乎难以察觉，万有引力的步伐却是无情的：没有什么能妨碍它在新形成的物质宇宙中的统治地位。

　　大量气体聚集在不规则处。不少地方都开始能辨认出质量巨大的、至少比太阳重 100 倍的球体。

　　这些球体产生了巨大的引力：它压缩气体，将气体越发猛烈地推向系统中心，系统中心于是变得更热，并使氢离子化。此时，巨大的天体就由外层气体和最内层的炽热等离子体构成。无情的引力将物质的温度推至数千万 K，从而引发氢核与其同位素间的核聚变。该反应产生大量的热，以不可阻挡的光子及中微子流的形式传播到各处。

　　一道耀眼的可见光在最深的黑暗中亮起。宇宙仍然笼罩在黑暗之中，但新的光芒刚刚已经开始传向极远处，很快还会有无数其他光源加入，点亮所有地方。

我们到达了"第五日"。此时已经过去了 2 亿年，第一颗恒星诞生了。

一出来，我们又见群星

本节小标题是但丁选择用来结束"地狱篇"的诗句，其力量无出其右。自远古以来，星光灿烂的天空就给人类以安慰，而十一音节诗（l'endecasillabo）是这种慰藉之感的精华。同样的心境也激发 19 世纪的诗人贾科莫·莱奥帕尔迪写下了同样振聋发聩的开篇："模糊的大熊星座，我没想过 / 能回来一如既往地凝视你 / 在慈父般的花园中闪烁。"（《回忆》）

穿越了地狱那令人恐惧和危机四伏的阴森世界，那掩藏着肉身在备受苦痛和折磨的黑暗，或者在回味与曾经的想象不同的生活时苦闷与懊悔达到顶峰，这时，你又见到了星星，它们在苍穹上一动不动，足可平复焦虑，安抚内心。星空以其表面上的恒久永存乃至不可变易，保护我们免于对变化和灾难的恐惧。它抚慰我们，满足我们对稳定如婴儿一般的渴望。

　　然而，我们如果近距离观察，或者研究搅动这些奇妙恒星最内层结构的机制，就会遇到格外暴烈的物质反应过程，以至于很难找到比这更动荡、更不稳定的系统。

　　像太阳这样的恒星在我们看来是巨大的，其半径是地球的 100 倍，相比之下，地球就是一个微不足道的点。但太阳是黄矮星，一种体积中等偏小的恒星，这样的恒星在我们的银河系中为数众多。它与该类别中的巨人相比毫不起眼，例如海山二（船底座 η）恒星系的主星，这个怪物的质量近乎太阳的 100 倍。但正如我们将看到的，在恒星的世界中，缩小尺寸具有重要的演化优势。

　　太阳是一个近乎完美的炽热等离子球，主要由氢和氦组成。它带有磁场，每 25 天自转一次。其表面温度接近 6000 度，一旦进入最内层，温度会超过 100 万 K。

　　这巨大的能量，源自在这颗大型电离气体球的中心折腾着的机制。极高的物质密度会产生极大的引力，压缩等离子层；越靠近恒星中心，温度会越高；而在中心，温度会超过 1500 万 K，这种环境会引发热核聚变反应。

　　将两个轻核融合在一起的过程会产生巨大的能量。最终的束缚态比起始的两个原子核轻，质量差就转化为反应所产生的能量。

　　问题在于，融合（例如）两个质子或说两个氢核绝非易事。它们都带正电荷，要使它们彼此接触，会遭遇猛烈地相互排斥。所谓"接触"，是指二者的距离小到强相互作用的吸引能够战胜电磁力的排斥。这只能利用在极端温度和压力条件下的碰撞来实现。

　　在太阳内部，在巨大引力的挤压下，这些条件得以实现，或者更确切地说，条件足够接近成功触发这一现象。大多数质子不参与聚变。只有极小的一部分，由于量子涨落的影响，成功克服了势垒（la barriera di potenziale）。这种现象会牵涉大量的氢，它们有足够高的势能，产生的能量惊人，但又小到足以让恒星闪耀数十亿年。

　　在太阳的中心，氢原子核与其同位素氘和氚融合在一起形成氦原子核。反应释放的能量以高能的中微子和光子的形式出现。中微子能毫无困难地穿过巨大的炽热球体，自由飞翔，到达宇宙最遥远的地方。光子也梦想做同样的事，但仍被困在似乎永无止境的监牢之中。光子在穿过周围的超高密度物质时，会发生碰撞，并被途中遇到的物质不断吸收和重新发射。这样一来，它们就损失了能量，也丢了初始方向。它们将在这个地狱迷宫中徘徊数百万年，因为在它们摆脱这个困境之前，这样的循环还会重复无数次。终于有一天，本已失去所有希望的它们，近乎偶然地浮出表面，最终获得自由。自此刻起，它们将能够穿越无穷无尽的距离：以光速飞到远方，加热并照亮周围的一切。

热核反应使整个系统处于不稳定的平衡状态。在太阳的深处，引力和强力进行着一场不平等的斗争。引力一度是最弱的相互作用，其影响长期遭到忽视，现在它开始报复，迫使班里的第一名、曾经鄙视自己的强力和自己交锋。在引力集合了附近所有游荡的氢，将它们聚集并组织成太阳这样的完美球体后，它知道了自己是无敌的，可以发出战吼了。

一个可怕的压力把物质压扁，并试图将它粉碎成基本组分。受聚变限制和约束的质子，暂时逃过这一命运。在氦核的形成过程中释放的大量的热，倾向于使等离子体膨胀并抵消引力的钳制。一种平衡状态被创造了出来，尽管本质上不稳定，因为氢迟早会耗尽，但这场战斗或可持续数十上百亿年。

这样的环境超级动荡，被对流、可怕的涡旋（vortici）和巨大的等离子喷流轮番蹂躏，可远远看去却好像是一颗仁慈的、令人安心的恒星，地球上的每个人都将颂扬它，把它看作世界秩序的支柱。

几十万年来，人类对太阳内部发生的激烈斗争知之甚少。这是一场史诗级的战役，但结局已被预知，因为读者你已经知道获胜者的名字，并知道其对手的崩溃在失败的那一刻会超级惨烈。

宙斯和奥林波斯诸神，与克洛诺斯率领的提坦巨神，持续冲突了十载。在独眼巨人们锻造的新武器雷电，和盟友百臂巨人们投石的帮助下，宙斯击败了提坦众神，将他们投入了幽冥的地狱。而引力与强核力双方在太阳中心这处战场展开的生死较量，会持续更久。可用的氢要百亿年才会耗尽，而这种情况一旦发生，引力将无可抵挡，灾难就会随之而来。

巨星的史诗时代

宇宙中第一批闪耀的恒星出现在大爆炸后两亿年，它们是非常特殊的星星。据信，它们体型庞大，比太阳大一两百倍，因此被称为"巨星"。它们是在黑暗时期的深渊中形成的，用了数千万年才聚集到大量不可或缺的氢。人们依然在寻找某颗仍然在宇宙最偏远角落发光的巨星，但迄今还没有任何结果。

重组时期后，宇宙的普通物质已然由原子组成，因此是完全中性的，并且还在冷却。引力缓慢地将普通物质集中在暗物质分布密度较高、包围着巨大气体云的节点周围。这些"异常之处"转化为引力更强的区域，从而形成规模越来越大的物质聚集体。

第一批巨星并非孤立诞生的，而是聚集成或大或小的群体，一起组成大家庭。这种局部不均匀的空间分布，将反映在随后的星系形成中。

巨星与现今的恒星大不相同，这不仅在于大小之别，还在于前者仅由氢和氦组成。巨星完全没有更重的元素，原因很简单：更重的元素还没有形成。碳、氮和氧的原子核将是更复杂的结构（如星系和行星）的诞生和演化过程中不可或缺的组分，而它们的合成，只会后续发生在这些新恒星的最内层。

在原始恒星之后许多代，才会出现太阳这样的后裔。在像太阳这样的矮星中，存在着碳、氮和氧等元素，但它们在由质子—质子链占主导的核过程中不起显著作用。相反，比太阳质量更大的恒星，其内部压力和温度要高得多，可以触发其他用到更重元素的核聚变反应。特别是在足够高的温度下，碳、氮、氧的原子核可以作为氢聚变的催化剂，提高其效率。碳氮氧的聚变也给当前宇宙中的大质量恒星设定了尺寸限制。当天体质量大于太阳的 150 倍时，与碳—氮—氧链有关的核反应就会以极高速发生，从而迅速导致恒星结构的破坏。

但这一限制不适用于巨星：仅质子—质子链的反应速度，就可以造出质量甚至超过 300 个太阳的怪物。然而恒星尺寸越大，燃料消耗也越快。对恒星来说，"小就是美"的格言很是适用，因为小尺寸有相当大的优势：太阳可以缓慢燃烧上百亿年，而在尺寸方面大可鄙视太阳的"超巨星"则寿命很短，最多不过 100 万年。

超巨星在大爆炸后两亿年的早期宇宙中开始闪耀。它们是气势磅礴的星星，极其明亮，但寿命很短。它们用自己的光结束了黑暗时期，自身却转瞬即逝，宛若春日已见流萤。

巨星一代接一代地前赴后继。在到达生命的尽头时，它们会爆炸，将其在巨大的核坩埚中锻造的新物质形式散布到周围，宇宙因而富含了碳、氧和氮等元素，并逐渐积累起其他越来越重的元素，这些元素也会改变后续恒星的核反应。那些利用超巨星在太空中散布的物质而成的恒星，与它们的巨型祖先相比，既小且暗，但能存活更久，并产生复杂的转变，而这首先需要大量的时间。

就像侏罗纪的大型厚皮动物让位于更小更敏捷的哺乳动物一样，巨星在几亿年内便告灭绝，并产生了新世代的恒星，后者更小，但更适合生存。

从第一批恒星形成的那个黑暗而寂静的时代收集信号，是现代射电天文学面临的挑战之一。聚集成超巨星的大型气体云发出的辐射，只能是中性氢（HI）的"21厘米线"。这是一种非常有特点的电磁信号，由微波区域的氢发出；它的发现，将明确地证实我们已经成功洞悉黑暗时期的，黑暗。这是一个非常微弱的信号，来自氢原子的禁戒跃迁（transizione proibita），后者是一种非常罕见的现象，只有在研究极大量的气体时才能观察到。射电天文学家通过探测我们银河系中存在的大型氢星云，已经成功地重建了它，但从宇宙背景噪声中辨认出它的每一次尝试，都失败了。

如果找到它，就可以绘制出一张与宇宙背景辐射图相似的图，这将为我们提供一幅非常精确的黑暗时期物质分布图像，因为我们将能看到超巨星形成机制的所有细节,并更好地理解"再电离阶段"在星系形成中的作用。

伴随着原始巨星那疯狂的生死循环,出现了一种新的现象:新恒星发出的光,强烈到当它撞击分布在周围空间中的氢时,会电离该气体的原子,剥离其电子。这种现象在巨星死亡时,在耀眼的眩光标志着核燃料耗尽之时,会更加剧烈。慢慢地,宇宙中存在的大部分物质会被完全电离,回到大爆炸38万年后它们在重组时期抛弃了的那种状态,不透明度也会逐渐增加。这就是"再电离时期",始于第一批巨星出现几亿年之后。

很长一段时间里,宇宙再次变暗,光与暗的持续交替似乎永无止境。现在的宇宙,充满了巨大的、非常明亮的恒星,但它不再透明。自由电子与恒星发射的光子相互作用,令后者衰减并捕获它们,从而阻止它们长距离传输光。宇宙再次陷入一片漆黑。

该过程将持续数亿年,这是电离所有氢气所需的时间。物质现在又回到了等离子态,就是类似于引发黑暗时期的那种状态,理论上它可以吸收所有产生出来的光。但是宇宙继续膨胀,密度越来越小,一直小到了再电离过程完成,一切又变得透明。从那时起,整个宇宙中就弥漫起了一种炽热的电离气体,但它非常稀薄,薄到光线可以直接穿过。

最后，在宇宙喜迎它的第一个 10 亿年之前，光明战胜了黑暗。这是一场苦战，有时教人真怕黑暗会永远压垮光明。但这次光明赢了，并且取得的是最终的胜利。

难以置信的宇宙烟花

发生在巨星内部的核反应过程，催生了越来越重的元素。碳、氮、氧和元素表上直到铁的所有其他元素，在引力的禁锢下，缓慢地聚集在最内层。在生命周期的尽头，这些巨大恒星结构会被"提坦"级的爆炸撕碎，并向周围空间散布各种物质。经过无数次的循环，从这片富含重元素、包括了多种金属在内的星尘中，诞生了其他的恒星和行星，例如太阳和我们的地球。

阵发的恒星死亡，产生了真正壮观的效果。这样的阶段在我们太阳系的形成过程中起着决定性的作用，值得详细描述。

恒星如何终结，很大程度上取决于其质量。质量超过太阳 10 倍的恒星，内部会产生骇人的密度和温度。这些怪物的核心温度远超过数十亿 K，在此等温度下，聚变反应会涉及所有元素。随着时间的推移，较轻的成分，即氢和氦，消耗殆尽，而由更复杂的反应产生的更重的元素，即碳、氮、氧等，则开始熔化。当硅熔化并产生铁时，该过程几告停止。进一步的反应没有可能，恒星的核心不再产生能量，于是惨烈地坍缩。

在无情的引力作用下，恒星的中央核突然收缩，体积缩小为原来的数十万分之一，恒星爆炸。覆盖于中央核之上的所有外层都悬在虚空之中，狂暴的引力使得它们朝核心坠落，中央核于是变成了一个微小却异常紧实的物体。对核心的可怕撞击以及由此产生的核反应，将所有的物质向外抛掷。质量是太阳许多倍的超大气团产生惊人的冲击波，以每秒 1 万多千米的速度在太空中传播，并在许多世纪中保持可见。这些气体云富含重元素且化学性质多样，它们将到达很远的距离，并为新的聚集体提供基础材料。

一如宙斯之力将提坦巨神投入深渊，引力也击败了对手，但它也因浪费了大量时间与核力对抗而愤怒，因核力迄今一直阻挠自己占上风而恼火，于是开始报复，并用令人毛骨悚然的无声尖叫庆祝自己的胜利：它把恒星撕碎，将残片以惊人的速度抛入太空。

一道耀眼的光芒划过天空，它是那么壮观，以至于数千光年之外的无知地球人恰逢时机地看到此景时，会认为天空中突然出现的那个亮点所意味的，并不是一颗恒星的死亡，而是一颗新星体的诞生，于是称为"新星"或"超新星"。全球各处都因此而惊奇，该天文现象将被记录在各种史册中，人们根据具体情况和方便，将其视为厄运或好运的标志。

构成我们身体的所有原子核——骨骼中的钙、水中的氧、血红蛋白中的铁——都经历了这番暴风骤雨般的可怕过去。现在，它们形成的原子，温顺地经受着维系我们生存的化学及生物反应。真想它们能就自己那充满冒险的童年——抑或是那次噩梦般的创伤性出生——告诉我们一些事啊：像是，先在恒星中心的极端温度和压力条件下产生，然后以难以置信的速度被抛入绝对的虚空，又在数十亿年中等待着一个新聚集的到来。

超新星爆发是宇宙中最惨烈的现象之一，它为我们提供了有关恒星动力学和星系构造的宝贵信息。这种现象会以多种形式释放出大量的能量，其中大部分以中微子的形式释放出来：每当超新星爆发时，这些极轻粒子的洪流就会照亮整个宇宙。所幸，中微子温和纤柔，它们在经过地球时留下的唯一痕迹，只是在专为它们设计的大型探测器中的一些无害信号。释放的能量，相当一部分用于加速冲击波，从而推动了周围的物质。其余的是引力波以及所有频率的电磁辐射，包括可见光，但最重要的是高能光子、X射线和伽马射线，它们与被冲击波加速的带电粒子一起，被抛向遥远的地方。这些现象会持续数周甚至数月；有些现象与气体云中产生的同位素的放射性衰变有关，它们更会持续几十年。

超新星爆发是人类所能想象的最不可思议的自然奇观之一，但它不发生在离我们太近的地方总归是好事。这种辐射对栖居地球的许多甚至全部物种，都有致命的影响。所幸，以这种烟花绽放的形式收场的巨星预计会非常罕见，而且都离我们很远。

离我们最近的是参宿四（猎户座 α），一颗泛红的恒星，肉眼也能看到，就在猎户座腰带的上方。它是一颗红巨星，比太阳重 10 倍，直径惊人。它大得夸张，如果我们把它放在太阳的位置，它会把太阳系一直占到接近木星轨道的位置。这颗恒星已接近生命的尽头：据估计，它的余生不会超过一百万、最多两百万年；届时，它的爆发将是一场奇观。它的余辉将照亮夜空数月，宛如一轮常在的满月。参宿四将制造的巨大烟花，应该不会对地球人构成威胁（如果那时还存在地球人的话），因为万幸这颗恒星距离我们约有 600 光年，相当地远，地球住民可以充分安全地欣赏这场盛景。

那我们的太阳又会如何终结？它太小了，不会发生惨烈的爆炸。然而，当告别的时刻到来之时，我们这颗恒星也会有不错的表现。若不是这件事的发生为时尚早，它也足可令人担忧。鉴于太阳的氢供应应该还够再维持五六十亿年，我们在很长一段时间里应该不会有任何问题。一旦氢供应耗尽，涉及较重元素的反应就会开始，届时，太阳将遭遇最内核的升温，体积也会增大，直至变为红巨星。它的直径将迅速增加，依次到达水星、金星和地球的轨道，并把它们蒸发。也无须为此太过担心：因为在这之前很久，当太阳的力量比现在增加约 40% 时，地球上存续久远的两极冰盖将消失，所有海洋都会蒸发，任何生命形式都不可能存在。

到达生命的终点时，太阳将喷射出外层气体，并转变为行星状星云。慢慢地，它的最内核将摆脱外层云团这些"毛发"，出现一个与地球大小相似的物体，它会极为致密、炽热和明亮：这是一颗"白矮星"，一个由碳、氧原子核构成的明亮小天体，这些原子核被完全电离，并受紧致的电子屏障的保护，电子屏障的强度足以防止进一步的引力坍缩。这颗小小的星体将继续冷却，也许会持续数百亿年，直到它变成一颗"黑矮星"：一个惰性物体，没有人能看见，不留任何一丝昔日的光辉。

黑星的魅力

比太阳大得多的恒星，在核燃料的易燃部分耗尽之时，会变成更奇特的物体：其质量如果在 10 到 30 个太阳之间，它就会形成极其致密的中子星，这些半径在 10 到 20 千米之间的小球体，包含着 1.5 倍的太阳质量。

中子星形成之时，引力坍缩会非常剧烈，剧烈到构成恒星中所有元素的原子核都被粉碎成质子和中子的"糊糊"。在白矮星那里起保护作用的电子气，在当前的情况下，会在一瞬间粉碎。在质量如此大的物体中，引力会把电子和核物质压缩在一起，直至触发质子发生俘获反应，全部转化为中子。一个极其紧致、密度骇人的物体形成了，它就类似于一个全由中子组成的巨型原子核，被强核力紧紧打包在一起。在这样的物质密度下，一柄茶匙就可以装下珠穆朗玛峰那么大的质量。

　　还有更令人目瞪口呆的：这个小球体还以可怕的速度自转。人们已经发现了只需千分之几秒就能完成一圈自转的中子星。这些恒星的表面层每秒钟转完几百转，其运动速度轻易就能超过每秒 5 万千米。

　　这种现象是由坍缩过程中惊人的"缩"引起的。因为角动量守恒，母星在体积缩小后，其缓慢而平稳的自转就会加剧。如果最初的自转周期以几周甚至数月计，那么，当半径从几百万千米缩小到几十千米时，频率就会升至每秒数百转。就像溜冰者突然将双臂抱在胸前，她的旋转就会变得更快、更惊人。

　　与引力坍缩有关的体积迅速收缩也极大地放大了原始磁场。那些曾经包裹着这颗巨星的大型磁力线，现在被迫在致密的小核周围合拢，其密度会导致爆炸。中子星会产生极端磁场，比普通恒星强数十亿倍。

　　当中子星的磁轴与自转轴不完全重合时，在恒星表面依然保有自由的电子和正电子会被加速，它们奔赴两极，并产生强大的电磁辐射束，和恒星同频旋转。如果地球处在这个非常特殊的无线电台的发射锥内，我们就能记录到一个极有规律的脉冲射电信号，它是一台极其精确的时钟，也是一种非常强大的信号灯，但发射的是无线电波而不是光。我们发现了一颗"脉冲星"。

黑洞的奇点

如果恒星的质量实在异常、超过30个太阳，它的坍缩就会导致黑洞的形成。连中子也经受不住这种引力的挤压，终会粉碎，其基本成分也会被疯狂地压缩，结果所剩的质量全集中到了一个几乎无限小的体积中。

对于以这种方式诞生的系统，我们还不了解其内部的物理定律，这些定律允许将5到50个太阳质量塞进一个直径只有几十千米的难以接近的小空间。

可能是因为它让人想起了最常反复出现的噩梦之一——停不下来地坠入无底洞；也可能是因为我们的祖先在遥远的过去经历过被野兽撕裂、吞噬的危险；总之，一提到黑洞，我们祖传的恐慌反应就会被激发。

直到几年前，黑洞这个话题还只有最多几千名专家感兴趣，他们在学术会议上讨论过这个话题，全未意识到大众即将对这样一个充满怪异色彩的主题爆发兴趣。

我们的苍穹可能包含"黑星"（stelle oscure/nere），

这个想法已经存在了至少几个世纪。1783 年，当时的自然哲学家和大科学家约翰·米歇尔牧师第一个假设了黑星的存在，根据牛顿提出的"光的微粒说"（teoria corpuscolare della luce）进行推断，米歇尔能够轻松地想象出如此紧凑和巨大的恒星产生惊人的引力，强大到可以永远禁锢其表面发出的光。光粒子的行为就像从地上抛起的石头，它划出抛物线轨迹，最终还是不可避免回到起始高度。

米歇尔的想法远远超前于其时代，以至于提出后近 200 年无人认真对待。据记载，第一次突破性的时刻出现在 1916 年，当时阿尔伯特·爱因斯坦刚发表了他的广义相对论不久，而德国物理学家卡尔·史瓦西，虽然当时还在第一次世界大战中的对俄前线指挥一个炮兵部队，也成功地把即将创造历史的文章寄给了爱因斯坦。在很短时间里，史瓦西用另一种坐标系，成功地找到了方程的精确解，而爱因斯坦本人只找到了近似解。

在这种新方法下，时空呈现出球对称。对于每一个质量，都可以定义一个半径，它将以史瓦西的名字命名。小于这个半径，就会出现一个奇点：此时，时空曲率会高到令光子本身无法逃脱。这个解非常奇怪，以至于爱因斯坦和史瓦西本人都不敢写下来，甚至不敢想象，数学公式背后可能隐藏着一类全新的天体。

要等到 20 世纪 60 年代，"黑洞"一词才被创造出来。它是在 1967 年由美国物理学家约翰·惠勒引入的，还带着强烈的讽刺意味。*惠勒属于第一批凭直觉感到它们可能是现实存在的天体，能开辟一片全新研究领域的人。从那时起，研究黑洞，寻觅所有可能表明其存在的信号，就成了现代天体物理学深深的印记。

到了 70 年代，我们就有了罗杰·彭罗斯和斯蒂芬·霍金的基础理论贡献，以及对黑洞候选者的首次间接观测。黑洞候选者的名录逐年增长，直到人们惊讶地发现，在大多数椭圆星系或螺旋星系的核心，都存在超大质量的黑洞。最后，每个人都记得，2015 年，美国激光干涉引力波天文台（LIGO）的大型干涉仪记录了第一个来自引力波的信号，它是由两个约 30 个太阳质量的黑洞相互碰撞引起的。

借黑洞与普通物质相互作用所产生的信号，我们可

---

* 当时惠勒把黑洞仅凭质量、角动量、电荷三个量唯一确定，此外一切信息（"毛发"）都消失的情况，戏称为"黑洞无毛定理"。

以间接"看到"黑洞。当黑洞在一颗大质量恒星附近运行时，其潮汐力会从不幸的同伴那里夺走大量物质：面对即将吞噬自己的黑洞，电离气体在黑洞引力场的加速下形成吸积盘（dischi di accrescimento），发出许多不同波长的辐射。令烟花表演更为壮观的，是从恒星两极射出的强大物质射流，还常以近光速在太空中穿行。

因此，黑洞是一类新的天体，非常罕见，但在宇宙的许多区域都存在。今天我们知道，它们彼此非常不同，不仅在大小和特性（静止还是旋转、中性还是带电等）上不同，在各自的诞生及演变的动力学方面也不相同。

黑洞可能是超大质量恒星的引力坍缩造成的，但也可能产生于中子星的相互碰撞，或者中子星与普通恒星在双星系统中相互作用并吸收后者的物质，直至达到临界质量……

融合贵如金

中子星相互碰撞，除了可能产生新的黑洞之外，还会产生其他惊人的效果。

想象一下由金和铂构成的巨大云团，其质量是地球的数百倍。这是前一阵天文学家将仪器聚焦在靠近天琴座的天空区域时看到的惊人奇观。这是一座名副其实的"宇宙重金属工厂"，它出自某一场灾难性事件：两颗中子星相互碰撞。

时值 2017 年 8 月。几天前，LIGO 的两台美国干涉仪和位于比萨附近的由意大利与法国合作的"室女座干涉仪"（Virgo），首次一同运行。两个团队在寻找黑洞融合所产生的引力波，并立即记录到一个事件，正类似于 2015 年首次发现的那起：三天后，他们就收集到一个新的信号，它很奇怪，不同寻常，不那么强烈，但持久得多——它是中子星合并所产生的引力波的特征"签名"。

这些不是发出最初信号的超大质量天体。即便是两颗中子星，一旦相遇，也会在一场惨烈的碰撞中融合一处：它们相互环绕，不断接近光速，使时空变形，并产生持续数十秒的引力波信号。

在宇宙的意义上，这一切都发生在实在不大的距离之外：只有 1 亿 3000 万光年，而不是第一次轰动性发现时的 14 亿光年。初始信号较弱，因为参与合并的天体质量较小，但由于距离较短，我们也能够观察到。

这一次，Virgo 也在运行，于是我们得以进行三角测量。在三台仪器处于活动状态的情况下，就有可能确定源头，信使信号也发送到分布在各大洲及太空中的 70 个天文台，并产生了大量结果。引力波信号伴随着高能光子和持续数周的低能电磁发射序列。

人们很快了解到，几秒钟后，其他仪器（如"费米伽马射线太空望远镜"，一种绕地球轨道运行的特殊望远镜）检测到的伽马射线暴（GRB），也与同一现象有关。这很可能表明，碰撞中形成了一个黑洞。

2017 年 8 月 17 日的这一重大事件，标志着"多信使天文学"（astronomia multi-messaggero）的惊艳登场。研究同一现象时，人们可以利用整个电磁光谱范围的信号和引力波中发出的信号，来获得对该现象更细致的理解。

我们现在知道了，两颗中子星合并时会产生引力波。我们也了解了伽马射线暴来自哪里，只是关于其起源依然有诸多疑问。终于，在发现第一个信号后的几周内，就有了出乎意料的惊喜：天文学家在合并后的残迹中发现了一个由重物质组成的小星云。大量的贵金属尘埃，即碰撞所产生的质量惊人的金和铂，以惊人的速度被喷射到周围空间，这一奇观证实了比铁更重的元素要在如此的灾难性事件中才能形成的理论。

我们再次体验了发现极端狂暴现象的过程，这现象就隐藏在宇宙表面的平衡之下，初看时那么平静、安然。

随着对这些非凡事件的描述，我们的故事到了"第五日"的尾声。宇宙中有无数的恒星，它们一代又一代地在宇宙中散布了大量的气体和重元素尘埃——它们中间，就潜伏着中子星和黑洞。自宇宙诞生以来，已经过去了 5 亿年，第一批星系已在形成过程中。

08

第六日：混乱伪装成秩序

在"第六日"的开始，宇宙已然闪耀着无数的巨星。它们以相当快速的时间周期（与宇宙尺度相比）一代又一代地繁衍。这些巨星每死亡一个，围绕在它们周围、由被电离的氢和氦组成的巨云就会富含越来越重的元素，以至于到处都是大型的气体和尘埃星云，这进而又会产生新一代更小、更长寿的恒星。

引力缓慢地作用在这些围绕着大型暗物质而形成的物质团块上；这些物质团块在质量上占绝对优势，它们产生了名副其实的"势阱"（buche di potenziale），恒星、气体和尘埃都被抛向其中。一切都冲向这处"虚无"，这颗无形的、势不可当地吸引着一切的黑暗之心。这种压缩过程中产生的冲击令气体升温、增压，于是能抵挡住进一步的坍缩。物质团块的大部分集中在暗物质环的中心，于是那里密度增加，其他一切都被吸引过来。

角动量守恒会防止恒星和物质团块直接一头栽进中心的洞中；底层的对称性迫使它们缓慢地围绕核心转动，并形成一个旋转的盘，一个类似于飓风的涡旋：星系就这样诞生了。

我们在坠落，毋庸置疑，救无可救，避无可避。一个可怕的湍涡正在吞噬我们，最痛苦的噩梦已成现实。我们的结局已然注定，那支配一切的、混乱的动态机制不给我们留任何希望。这场灾难真是持续了很久，不仅是和我们个人的生命相比，就是和人类这个栖居世上数百万年的物种相比亦是如此。星系的生命在十亿百亿年的时间尺度上展开，后面会有足够的时间形成太阳系和行星，以及能够就这一切如何运作进行提问的生命形式。

混乱伪装成秩序，戴上平衡与和谐的美丽面具，这个巨大的骗局让我们平静、安心了几千年。

奇异螺旋

"银河"（Via Lattea，字面义"奶路"）这个名字，从字面上让人想起古希腊语 γαλαξίας (*galaxías*)，通用词 galassia 即来源于此，可译为 "奶" 或 "像奶一样"。这个名字中回荡着关于宇宙起源的神话，与宙斯众多轻率行为中的一桩有关：这位众神之王爱上了绝美的凡人阿尔克墨涅，化身为她的丈夫，与之交合，使其受孕。从这段关系中将诞生赫拉克勒斯，出生后，他立时被宙斯绑架至奥林波斯山。宙斯将他放在熟睡的妻子赫拉的怀里，这样婴儿就可以品尝女神的乳汁，从而获得永生。

但是，这个小暴徒，即使还是个新生儿，也无法被控制住丰沛的体力，他以后将借此完成传奇之举。他过度用力地贴在女神的乳房上，贪婪地吮吸。赫拉猛然惊醒，强行推开了这个陌生的小奶娃。女神的乳头喷出乳汁，洒满天空，白兮兮的液滴立即变成微小的星星，落到大地上的则会变成百合花。

我们的银河系是恒星、尘埃和气体的聚集体，被巨大的暗物质环拢在一起。银河系是一个大型的螺旋星系，像一架巨型宇宙风车，形成非常明亮的旋臂结构，新生的恒星就聚集在其中。银河系包含超过 2000 亿颗恒星，一切都围绕着它密集的中心区域旋转。在其核心，物质的浓度高到足以形成一种密度恒定的 "短棒"，"棒旋星系"由此得名。

银河系的形状符合"生长螺线"（spirale di crescita）的几何图案，这种曲线在许多自然过程中都有发现。从中心向外，半径会随着角度有规律地增长，形成某些螺壳（如鹦鹉螺）特有的迷人形状。笛卡尔率先描述出了它的函数式；雅各布·伯努利爱上了它，称它为"奇异螺旋"（Spira mirabilis），并要别人将它刻在自己的墓碑上。

在太阳系中，距离太阳越远的行星速度越小；银河系的情况不同，这里的一切都以几乎相同的速度绕银河系核心运行，约每秒200千米，即惊人的每小时70万千米。我们已经看到，这种几乎恒定的轨道速度是暗物质存在的最明显的迹象之一。事实上，我们所说的"银河"，只是我们星系的一小部分。

尘埃、气体和恒星，也就是可见物质，分布在一个直径约10万光年、厚约2000光年的扁平圆盘上。我们的太阳，拖着它的行星，在距银心约26000光年的地方运行，尽管速度相当可观，但还是需要两亿多年才能转完一整圈。一切都沉浸在巨大的球形暗物质环中，其直径估计约有100万光年。与四处渗透并包围一切、由无形而神秘的物质构成的巨云相比，明亮的部分算是微不足道的，只占全部质量的约 10%。

星系、星系团和碰撞

大星系的形成阶段在宇宙的生命中占了很长一段时间。事实上，群星的初次聚集在大爆炸后约 5 亿年开始，持续了三四十亿年，而小型、致密的星系在随后的数十亿年中还会继续形成。

银河系的尺寸远大于平均水平。考虑到它占据的体积和包含的恒星数量，我们实际上有理由将它视为一个巨型星系。但还存在着名副其实的怪物，与之相比，我们这么大的银河系都要算小得离谱。其中之一是 IC1101，这是一个超巨星系，包含超过 100 万亿颗恒星，直径达 600 万光年。

宇宙中星系的总数是这样计算出来的：观察天空中看似没有星系的一小块区域里到底有多少星系，然后进行推断。结果相当惊人：最近的估计是，存在超过 2000 亿个星系。这还不包括那些因太小或太暗而无法从太远的距离观察到的星系。

在螺旋星系之外，椭圆星系也是最常见的星系形式。

在椭圆星系中，恒星分布在一个卵形、接近球形的体积中。这两种类型的星系占星系总数的近90%，另外10%则是形状不规则的星系。

这些形状稀奇古怪的，通常是小星系，其中包括多种形态的环状结构，不用说还有更奇怪的结构，比如会像企鹅的轮廓或是一些字母。古怪的形状往往是星系碰撞的结果。在撞击过程中，单个恒星与另一天体相撞的可能性很小，但近距离相遇产生的强引力相互作用，会破坏系统的有序结构，赋予其特别奇异的形状。据信，所有星系最初形成时都是圆盘形状，而椭圆星系是卫星星系（围绕其他较大星系旋转的较小星系）合并或"同类相食"的结果。

银河系周围还有另外两个巨型星系：最近的是仙女座星系，稍远一点的还有三角星系。这三个星系是"本星系群"（il gruppo locale）的一部分，有大麦哲伦星云和小麦哲伦星云等卫星星系围绕这一星系群运转。本星系群共有约60个卫星星系，它们多为矮椭圆星系，有些非常小，仅包含几千颗恒星。

我们的银河系和仙女座星系似乎正在沿着会发生碰撞的轨迹运行。两者间的距离相当大：250万光年。但它们相互靠近的速度也不是开玩笑的：每小时 40 万千米。简而言之，有可能在五六十亿年后，两个巨型星系将产生一场真正壮观的宇宙级碰撞。二者彼此靠近时，会陷入一段漫长的动荡期，期间，两个"奇异螺旋"会在潮汐力的作用下不可逆转地变形，也许会合并为单一个巨型结构。三角星系则会旁观一段时间，然后会成为两大巨头合并而成的新星系的卫星星系，再后面或许也会与新的巨大聚合体合并。

本星系群可以由几十个星系组成；如果所含星系超过一百个，我们就不再说它是一个"星系群"（gruppo），而是一个"星系团"（ammasso）。孤立的星系、星系群和星系团又会形成更大的结构，称为"超星系团"。这种等级结构非常普遍，几乎无处不在。例如，银河系所在的本星系群是"室女座超星系团"（又名"本超星系团"）的一部分，后者是一个包含近 5 万个星系的巨大系统。不同的超星系团由跨越广袤真空区域的"星系级丝状结构（filamenti）"相互连接。这种等级序列最终会形成一种海绵样的超级结构：巨大的真空泡点缀在众多星系高密度分布的区域之中。这就是宇宙的大尺度结构。

我们银河系的黑暗之心

在晴朗的夏夜向南望去，肉眼即可见我们银河系的中心，它就在地平线的上方，人马座的位置。我们无法辨认出许多星星，但如果空气清澈，且我们离光污染源足够远，某种漫射光就隐约可见。它原本是大量恒星聚集起来发出的光，后来被银心周围厚厚的尘埃减弱，残留下来成为这种漫射光。为了获得更清晰的图像，我们需要使用能够穿透尘埃的望远镜，例如红外望远镜，或利用 X 射线照相术的望远镜。

使用这些仪器进行的观测，凸显了银心处恒星的稠密状态，并引出了一个令人不安的发现。人们在测量其中一些恒星的轨道旋转速度时，立即发现了问题：它们似乎都以远高于预期的速度移动。在决定用几个月的时间监测数十颗非常靠近银心的恒星的运动后，人们测量到了惊人的速度，其中一颗的运转速度甚至到了每秒5000 千米。

数十颗恒星在绕着"无"运行，且其速度暗示存在极强的引力，这时，就会有一个明确的结论：在我们银河系的中心，有一个巨大的质量，集中在一个我们看不见的巨型物体中，它比太阳重 400 万倍：于是，我们结识了人马座 A*。在我们这表面平静的银河系那最深邃、最黑暗的核心，隐藏着某种怪物。最糟糕的祖传噩梦在这里实现了：我们正在坠入一个无底的引力井中，它迟早会无情地吞噬一切。

人马座 A* 是一个质量巨大的黑洞，其史瓦西半径约为 1200 万千米；它自然也有高密度，但远不能和起源于恒星的那些黑洞相比，后者会比人马座 A* 轻得多，但体积微小。人马座 A* 属于一个新的类别：超大质量黑洞。这类黑洞的特性与其他黑洞完全不同，后者是巨星演化的最后阶段，这些黑洞约为 30 个太阳质量，产生第一个引力波信号的两个黑洞就属于此类，它们与人马座 A* 相比，显得只是微小的、堪称有教养的东西。

而离我们最近的黑洞，恰巧就在人马座的中心——所以叫人马座（Sagittarius），是因为古希腊神话认为这个星座代表着喀戎：他半人半马，是最熟练的弓箭射手。怪物喀戎是克洛诺斯经非自然的交合方式生出的：克洛诺斯变形为马，然后占有了水仙女菲吕拉。母亲厌恶喀戎的外表，抛弃了他。阿波罗给了他全方位的艺文教育，使他成为半人马族（Centauri）中最有教养的一个，尽管他的同类充满暴力和兽性。*他是人马座的最佳代表，是凭借知识和文化超越动物本性的人类的象征。喀戎是伟大的医者，据传说，他是一位学问大师，也是英雄们的导师，他的第一个著名学生就是阿喀琉斯。

像喀戎一样，人马座 A* 也能帮助我们了解一个对我们怀有敌意、看起来充满危险的世界。超大质量黑洞是使物质在极端条件下相互作用的动荡区域，研究其行为，可能是理解我们至今仍无法把握的重要事项的关键。这就是为什么许多望远镜和各种仪器都瞄准着那里，并收集到越来越多的惊人数据。

我们已经看到，向黑洞坠落的气体和尘埃会被加热到数百万 K，而且在红外辐射之外，还发射无线电波。人马座 A* 很可能有磁场，并且已经显露了吸积盘（被邻近恒星撕碎继而围绕其旋转的物质形成的环）的痕迹。收集到的信号似乎表明，两极有"相对论性喷流"：它是黑洞这个怪物的一种类似"打嗝"或"反胃"的行为，它在吞下大量灰尘和气体时，会排出其中一部分，把它

---

* 天文学中，Sagittarius 译为"人马座"，Centaur 译为"半人马座"。但从字面看，Centaur 是种族"（半）人马"或"肯陶洛斯族"，Sagittarius 是"射手"。

们猛烈地推向两极，使其达到近光速。

最后，一连串惊喜中的最新一个是，天文学家在观察一个距人马座 A* 仅 3 光年、由 7 颗恒星组成的星团时，发现了另一个黑洞。此星团由这个重达 1300 个太阳的黑洞维系在一起，绕人马座 A* 运行。这是我们银河系内发现的第一个中等质量黑洞，它的存在可以为我们提供了解人马座 A* 异常增长机制的线索——当然，部分原因肯定是其他大尺寸的黑洞"同类相食"。最近发现的另外十几个围绕人马座 A* 运行的黑洞，进一步加强了这一假说。

我们如此之近的银心是一个理想的实验室，在这里可以对广义相对论进行压力测试，并研究在高度时空扭曲的区域发生的现象。正因如此，我们在持续监测数十颗具有窄椭圆轨道、围绕人马座 A* 快速运行的巨星。

哦，喀戎，伟大而睿智的射手，或许有朝一日，你的教导也能把我们这些可怜的地球科学家，从对这些巨大天体的极度无知中解放出来吧。

不要唤醒沉睡的巨龙

人马座 A* 当然质量巨大，但与室女座的一个编号为

NGC-4261 的星系中心的黑洞相比，就相形见绌了。这个巨物，有 12 亿个太阳质量。

这无疑是一个极端的例子，但现在人们普遍认为，几乎每个巨型星系的核心都包含一个超大质量黑洞，质量从太阳的几百万到几十亿倍不等。简言之，没有这些可爱的怪物，就不大可能创造出那些我们称之为"星系"的奇妙物体，那些在数十亿年的时间尺度上保持稳定的、动态的物质布局。

黑洞中的重量级选手，还有其他特征能将自身与较小的黑洞（大质量恒星的演化结果）区分开来。例如，超大型黑洞不像它们那些超紧致伙伴那样，有可怕的密度；最大的黑洞，密度可能比水还低，这会让它们显得不那么凶猛。如果你靠近一个质量是太阳三四倍的黑洞，潮汐力会把你撕成碎片；相反，上述的超大黑洞，其潮汐力温和得多，几乎难以察觉，你甚至可以不知不觉地就越过它们的"事件视界"，至少在最初可以。然而，尽管有这温和的一面，它们还是宇宙中最危险的物体之一，能够毁灭整个星系。超大质量黑洞实际上是宇宙中一些最有活力的现象的起源。

例如，几十年来，类星体（quasar，"类星射电源"/

quasi-stellar radio source 的缩写）一直是一个真正的谜。今天，人们用更现代的首字母缩写 QSO（quasi-stellar object）来表示类星体。它们是宇宙中最强大的光源，发现于 50 年代末期，最初因为发出强射电信号而获得识别；而后，光学望远镜在对准信号发出的区域后，也记录到了非常强的发光信号。活跃区域非常小，几乎呈点状，就好像是单独的一颗恒星在制造这桩奇迹。

但没有哪颗恒星能发出比银河系 2000 亿颗恒星加起来还强 1000 倍的光芒。总之，在那些遥远的星系中发生了一些神秘的事情，与不同寻常的天体有关。人们假设了最为古怪的现象，但最终，随着收集到的数据越发完整，得出的结论石破天惊："黑星"最亮。发射如此强信号的点状天体，就位于隐藏着超大质量黑洞的星系中心。通常，可爱的"龙"都在安详地睡着——在没人打扰它们的时候，就像童话里讲的那样。但在某些情况下，它们会证明自己的力量，"喷吐"火、光和各种电磁波，直达可怕的距离之外——这里我们说的是"活跃星系核"。

在许多星系的中心都有发现的超大质量黑洞，通常是平静的，就像人马座 A* 的情况一样：它吞噬物质，肢解一些恒星，但总体上表现得非常礼貌和谨慎。我们直到最近才意识到它的存在，因为我们想不惜一切代价去看看银心的内部。在好奇心的驱使下，我们去看了隐藏一切的尘埃下发生了什么，于是发现人马座 A* 在与围绕它快速运行的恒星们玩猫鼠游戏，此外就发现不了任何奇怪事情了。

从外面看，我们银河系的核心并不令人担心，它不发出危险辐射，也不造成破坏。但我们的情况是幸运的。有时候，某个星系核会进入阵发性的兴奋状态，这样大家就都麻烦了。当星系中心附近有非常高密度的物质，如恒星、气体和尘埃时，就会发生这种情况。简言之，附近有很多吃的，黑洞就可能被触发进食狂潮。围绕黑洞的，是它自建的巨大吸积盘：物质被肢解、牵拉，就形成了这架绕黑洞运行的"旋转木马"。在其地狱般的环境中，极高的速度，以及物质碎片间的碰撞和相互作用，将一切都加热到数百万 K。

被电离并还原为其基本成分的物质产生巨大的磁场，进而与剩余的物质相互作用。当存在可观的吸积盘时，经常可以看到巨大的粒子射流和相关辐射从黑洞两极发出。我们说的是高能、准直的物质与辐射束，由活跃的核心在垂直于星系所在平面的方向上发射。我们收集到的图像令人印象深刻，从中可以看到物质形成的巨大丝状结构，它们生自星系中心，可以延伸到数万光年之外。发出的强辐射呈现为波瓣（lobe）的形式，从星系中逸出，形成延伸数百万光年的隆凸。

这种现象的细节，我们还并不完全清楚。人们认为，当一部分电离物质消失于事件视界之内、使黑洞进一步扩大时，有一小部分被转移到两极，并在那里经历了可怕的加速。我们在宇宙中看到了数百个比 LHC 更强大的加速器在运转，它们产生的相对论性喷流类似于我们在 CERN 研究的那种，但尺寸与一整个星系相当。

一小部分活跃的星系拥有自己壮观的喷流，且方向精确地指向地球。在这种情况下，我们可以观察到被喷流的超高速度放大的电磁辐射光谱，其特征是快速而剧烈的流量变化。过去，此类型的光源一度名为"耀变体"（blazar），名称的一部分来自第一个表现出这种行为的奇怪物体：蝎虎座 BL 型天体（BL Lac）*。BL Lac 的亮度非常依赖时间，以至于曾被认为是一颗属于我们银河系的变星。通过更准确的观测，人们发现它是一个距我们 9 亿

---

* 另一部分来自"光学剧变类星体"（optically violent variable quasar），即 BL Lac+quasar。

光年的星系。一旦这种行为的起源关联到了活跃星系核，这种现象就落入星系这个更大的类别了。

类星体、耀变体和一般的活跃星系核在宇宙中是相当罕见的现象，但我们已经发现了数十万个。它们在矮星系中很少，但高达 1/5 的大型椭圆星系（来自数个星系的合并）有此类现象，可说是相当常见。

类星体等现象的出现频率似乎也明显取决于星系的年龄。例如，在较古老的星系中，类星体的比例很高，这表明活跃星系核在早期星系的构建中发挥着基础作用。该论点的一则证据：被发现的最古老的类星体，可以追溯到大爆炸后 7 亿年的时间点。简而言之，它们在第一批大型结构中已经存在，而出现高峰可以追溯到大约 100 亿年前，之后百分比下降。

这种情况似乎与所需燃料逐渐耗尽的机制有关。黑洞向自身聚集，燃烧并再利用它在数十亿年里从周围环境中提取的所有物质，这个机制本身，以及在此过程中产生的极强辐射，最终会耗尽核心的所有必需燃料。没有新的材料，吸积盘就会停工，相应过程自动熄灭。

这可以解释为什么如此多的大星系，如我们的银河系，尽管拥有巨大的黑洞，却没有活跃星系核。根本没有足够的物质作燃料。因此，就银河系而言，我们可以高枕无忧。只要它不与仙女座发生碰撞。如果发生这种情况，星系合并就有可能将足够的材料送入星系核，重新将其激活，银河系中任何行星上的生命就都要面临相当复杂的前景。

最后，这些占据许多星系中心的饕餮怪物，应该说在整体动态中有至关重要的作用。巨型的黑洞既是大破坏者，也是大创造者。它们强迫物质疯狂地舞蹈，就像是在宇宙尺度上壮观地重新上演"旋转僧舞"，即科尼亚梅夫拉维教团（Mevlevi di Konya）苏菲派苦行僧的舞蹈。它还以这种"湿婆之舞"让人想起毁灭—创世神话。但最重要的是，通过将大量星星保持在这个危险的旋转木马中数十亿年，它给了物质最宝贵的东西：时间。这是产生太阳系、行星和日益复杂的结构形式所必需的。

质量比太阳大数百万乃至数十亿倍的黑洞是如何形成的，迄今仍然有待解释。我们知道，黑洞一旦占据了星系的中心，就会逐渐吞噬周围的一切，从而增长到夸张的规模。但这个过程的起点是什么？也许，甚至在第一批恒星开始发光之前，巨大的原始气体星云就聚集成了准恒星，它们是高度不稳定的物体，并不会演变成普通恒星，而是坍缩成黑洞。一些人甚至假设在大爆炸后不到 1 秒内就诞生了早期黑洞，那时，新生宇宙强大的密度波动可能导致大量物质发生引力坍缩。而将这些笨重天体置于中心的新的场，仍然充满了谜团。

猎户座的细箭

我们对上述动荡现象的起源和动力学机制仍在追问，但对另一些现象的理解正在取得决定性进展，它们直到最近还完全神秘，其中之一就是宇宙射线的起源。

自 1912 年起，物理学家就一直在寻找这种从四面八方不断撞击地球的带电粒子雨的起源。根据记录，它们的能量有的比 LHC 中产生的粒子高 1 亿倍，而它们的来源直到最近仍然是一个谜。一切的发生，包括这里要讨论的情况，都是因为人们用了不同的工具一起观察相同的现象。这是多信使天文学的又一次成功。

这一切都始于一个警示信号，发出它的是"冰立方"（IceCube）项目，这是一个在南极洲的实验，专门探测来自深空的中微子。

高能中微子是极罕见的事件，源自宇宙辐射源，探测它们需要尺寸惊人的探测器。"冰立方"（意思是"小冰块"）这个名字颇具讽刺意味，因为该探测器的体积相当于一座山，是边长 1 千米的巨大"冰块"。

人们在南极洲阿蒙森—斯科特站（Amundsen-Scott）附近建造了它，为的是利用覆盖南极大陆的极其纯净和透明的冰层。人们在一百来个不同的点位钻冰、融冰，这些点彼此相距约 100 米，以六边形网格排列。冰孔会钻到超过 2 千米深，然后每个孔中都放入多个复杂的光子探测器。待到周围的水重新结冰，数千个探测器就被埋在冰层的黑暗深处，它们的超灵敏电子眼也开始仔细检查最绝对的黑暗，寻找最微小的闪光——制造这些闪光的，是最不幸的中微子，它们在穿过厚厚的冰层时，因撞到原子核而死亡。

高能碰撞会产生成群的带电粒子，有时还伴随着 μ 子——一种"很重的电子"，与中微子的来源方向相同，并且在冰层介质中会突然传播得比光还快。要避免这种尴尬，唯一的方法是想想正在冲破音障的战斗机。*但是，

---

* μ 子有质量，在介质中减速会慢于同时碰撞出的光子。飞机在突破音障时，速度会超过自身发出的声波，并发出爆裂声，即"音爆"。

μ子不会发出雷鸣般的音爆，而是仅限于发射分布在一个特征锥体上的微小紫外线闪光。这一效应在20世纪50年代首次为帕维尔·阿列克谢耶维奇·切连科夫所记录，并以他的名字命名。

因此，当一个中微子参与相互作用时，冰立方探测器会记录一系列特征信号，借以测量其能量和来源方向。这是最重要的信息，因为它使我们能追踪这些纤柔又轻盈的信使的发出源。宇宙中微子沿直线飞行，不受扰动，无视沿途的质量和能量分布，对占据星系甚至星系际空间的磁场完全不敏感。探测中微子，意味着要识别它们的来源星系，并开始了解其产生机制。

自开始收集数据以来，冰立方立即记录到了一些震惊所有人的壮观事件：中微子的能量令人恐惧，比我们用LHC这种世界上最强大的加速器所能产生的能量高数百倍。此前，没人能想象到，能量如此之高的中微子会在宇宙中四处游荡；而从这一刻起，挑战就变成了去了解到底是哪个惊人的宇宙加速器能产生这些粒子。

2017年9月22日，冰立方记录到一个300 TeV的中微子相互作用，一个μ子从中诞生，还留下一条壮观的发光轨迹，数百个光电传感器都发现了这一点。数据非常清晰，中微子的飞行轨迹指向一个遥远的星系，该星系以活跃地发射各种波长的辐射而闻名。它位于大约 40 亿光年外，靠近闪耀于北天的猎户座（Orione）——这是对俄里翁（Ωρίων/Orion）这位巨人弓箭猎手的永恒纪念，他死于女神阿耳忒弥斯之手。

神话传说，阿耳忒弥斯迷上了精通狩猎的凡人俄里翁，她的弟弟阿波罗对此反感，于是诱骗她杀死了心爱之人。宙斯看到女儿的眼泪，听到时常跟随俄里翁狩猎的忠诚猎犬"天狼星"的哀嚎，动了恻隐，于是将他俩安排在了最闪耀的星座中*：时至今日，在头顶的天空上，我们依然可以观察到俄里翁和他的伙伴一起狩猎，并朝金牛座的方向射箭。

但在目前的情况下，猎户座向我们射出的是一支不同类型的箭，比俄里翁射杀鹿和野猪的箭更纤细、更具穿透力。冰立方探测到的中微子来自星系 TXS 0506+056——天文学家不得不使用这类复杂的编码来给天空中无数的星系命名。然而物理学家不喜欢复杂化，这个星系立即被重新命名，既包含了那三个辅音字母，

---

* 天狼星即"大犬座 α"，是双星系统，也是夜空中最亮的星。

记起来又容易了很多：得克萨斯源（TeXaS Source）。

负责实验数据采集的研究人员向全世界所有的天文台发出提示："地球上的科学家们，快看向得克萨斯源，那里有情况！"数十所天文台响应了这个号召，将仪器指向了指定方向，于是，精彩来了。在接下来的几天里，另两台专门用于探测高能光子的仪器记录到了无疑来自同一源头的伽马射线。可以确定，得克萨斯源登场了。

人们早就知道 TXS 0506+056 是个很奇怪的东西。它是一个巨型椭圆星系，由一个快速自转的巨大黑洞主导。这怪物质量庞大，估计是太阳的数亿甚至数十亿倍，并配有一个巨大的吸积盘和两股雄伟的极地喷流，其中一股指向地球——所以，它是一个耀变体。

在得克萨斯源中发生的可怕加速，在产出了中微子之余，还有伽马射线，这些极高能的光子激活了名为"费米"和"神奇"（MAGIC，"大气伽玛切连科夫成像望远镜"/Major Atmospheric Gamma Imaging Cherenkov Telescopes 的简称）的仪器，它们俩是最敏感的观测者，前者位于地球轨道上，后者的两台望远镜则位于加那利群岛的帕尔马岛（isola di La Palma alle Canarie）。

这正是每个人都梦寐以求的信号。如此了不起的一

带吸积盘和极地喷流的黑洞（艺术构想图，NASA）

致性绝非偶然：如果与中微子一起发射的也有光子，这就能证明，由得克萨斯源的黑洞所驱动的巨型复杂构造确实加速了质子，宛如一个规模可怕的 LHC。

自此，我们开始了解现代物理学最大的谜团之一，而这份礼物则来自由巨型黑洞"喂养"的遥远星系们。

至此，我们已经到了"第六日"的结尾；最初的 40 亿年过去了，此时的宇宙充斥着无数星系。其中有个很平和的星系，它的星系核现在很安静，其中即将发生一些事情。

09
第七日：复杂形式蜂拥而至

在银河系中，一切都围绕着核心稳定地旋转了数十亿年。新星系的生命动荡阶段，即暴风骤雨般的青春期，早已结束。

射手座 A* 在吞噬了原始核心周围所有的恒星、气体和尘埃之后，安详而饱足地睡着了，宛如独眼巨人波吕斐摩斯睡在洞中——奥德修斯用酒化解了它的攻击性。大型黑洞的吸积盘因为不再被过度喂食，体积已然缩小。相对论性喷流也逐渐消失，黑洞曾用它照射周围空间，猛烈摇动恒星和正在形成的系统。就算是最近的巨型星系、构成本星系群的至亲表兄弟，即仙女座星系和三角星系，也已经停止制造危险的烟花；极遥远星系的活跃核心发出的伽马射线，更是相当无害。已然确立的平静不会再被一系列灾难（如同星系诞生时那样）打破，有时间发展越来越复杂的有组织系统。

当最后一日即"第七日"开始时，时间已经过去了超过 90 亿年。在一个和构成巨大螺旋的四大结构*相比次要的区域正在发生一些事情。在英仙座和人马座两条主要旋臂之间，就在所谓的猎户座次要旋臂分蘖的地方，有一大群非常年轻的恒星在蜂拥着形成，它们从巨分子云中寻找养料。在那块区域中，数十亿年来前赴后继的一代代巨星，已经把它们在自身巨大的核熔炉中积累的所有物质都抛撒了出去。

巨星以超新星的形式爆发，向广大的空间散布尘埃和气体，即分子云。分子云主要由氢和氦组成，但也包含痕量的所有元素：碳、氮、氧、硅等直至铁。一些巨星在相互碰撞时转变为中子星，给云增添了小规模的重元素聚集，最重的可至铅或铀。

只要这些巨云很热并继续膨胀，未脱产生它们的超

---

* 指银河系的四大旋臂模型。对于四条主要旋臂是哪些，各家提法不尽相同，较无疑议的主要旋臂有盾牌-半人马臂（又称盾牌-南十字臂）和英仙臂，其余则可能有三千秒差距臂、矩尺臂、[船底-]人马臂、外 [天鹅] 臂中的两个。主要旋臂和次要旋臂的差距在于，前者聚集大量恒星。也有人提出两大旋臂模型。

新星爆发的影响，就没有什么能把它们聚集起来。但随着云团不断冷却并降速，引力超过了膨胀的推力，并围绕着物质团块建起了越来越大的聚集中心。这里形成了一个由气体和尘埃组成的大圆盘，围绕中心旋转，中心的主体质量（尤其是氢）不断增厚。于是，银河系内部形成了银河系自身的一个迷你复制品：大云团的一部分在自身引力的作用下坍缩，形成一个太阳星云，这星云的中心正在诞生一颗恒星，而这恒星的周围则在形成某种吸积盘，其中可以辨认出其他更小的聚集中心分布在不同的环上：这就是"原行星盘"。

太阳会突然之间开始发光，第一批大型气体行星随即形成。然后，各岩石行星会更缓慢也更波折地在内层轨道聚集出来。

其中一颗岩石行星将特别幸运。它会与另一颗正在形成的行星惨烈碰撞，但碰撞没有永远摧毁它并将它打回成千上万的碎片，而是将送给它一颗大卫星，它会帮这颗行星在未来数十亿年中稳定轨道。像其他星球一样，它也将被彗星和陨石雨洗礼，这将为它提供丰富的重要元素。所有这一切，连同随之而来的火山活动，将在随后的发展中发挥决定性作用。

这颗岩石行星体积不小，大到可以产生足够的引力，给自己包裹上一层大气。它的核心是熔融金属，这将赋予它磁场。这两个因素将成为保护盾，抵御宇宙深处潜伏的许多威胁。

它的轨道离太阳足够近，可以从太阳那里获得足够的能量，从而摆脱周遭宇宙空间的寒冷；但又不太近，不至于被与许多化学反应不相容的高温所折磨。水将覆盖这颗星球表面的大部分区域，并能够保持液态数十亿年，正是在水域的深处，会诞生非常特殊的化学形式。它们是简单的结构，但配备着精巧的装置，这会增强它们的适应和发展能力：它们是能将基本分子结合并转化为更复杂结构的化学系统。这就是最早的生命形式，可以应环境条件进行演化和繁殖。

这便已然迈出了最大的一步。自太阳系形成以来，已经过去了约 10 亿年，地球上，第一批生物正在发育。从这一刻起，能够适应变化并不断移生于地球上更广阔地区的复杂化学形式，将缓慢而坚定地前赴后继。其中穿插着拥有辉煌成功的时段，比如某物种突然繁盛起来；也包含着充满危机甚至大规模物种灭绝的时期。

生命组织有这样的优点：能使越来越复杂的形式发

展出来，从单细胞生物到植物和动物，还有我们。我们几乎走到了故事的尾声，在一些有强大社会关系的奇怪人形巨猿中，自然选择将开发一种新工具，为它们提供进一步的演化优势，让它们能够想象，能够拥有世界观以及某种形式的自我意识。自那以后，这个奇怪物种将散布到地球的各个角落，并为自己配备越来越复杂的工具，直到构建出一个越发精细考究的世界图景，围绕着自己编织关于宇宙起源的宏大叙事。

"第七日"结束，"创世记"亦告完结，此时，138亿年过去了。

太阳和它的漫游者

突然，大分子云的一部分开始围绕着某个密度较高的区域坍缩。我们处在猎户臂中，这是银河系中一个宁静的部分，与核心保持着安全的距离。核心虽然不像起初那样动荡，但仍是一个周期性地产生剧变的区域。

引力使氢、气体和尘埃向浓度最大的区域汇聚，一切都开始围绕引力中心运行。依照角动量守恒，一个巨大的扁平圆盘形成了，其中密度更大的中心区域还在继续增长。在这巨大气旋式涡旋（vortice ciclonico）的涡眼中，集中的主要是氢分子。在圆盘的中心，在不断增长的引力的挤压下，形成了一个巨大的球体，其中发动了第一次热核聚变反应：一颗新的恒星诞生了。

太阳的大小，已经够产生数千 K 的表面温度，并将能量送至很远的距离。但它是一颗矮星，小尺寸给了它优势：可以缓慢地消耗构成它的电离压缩氢，未来能够持续闪耀上百亿年。这是相当长的时段，足以发展出稳定的行星及卫星系统，而这些系统又将有数十亿年的时间来陪伴这些极缓慢的转变过程。

"行星"一词源于 πλάνητες ἀστέρες（planetes asteres），"漫游之星"，古希腊人这样称呼在夜空中移动的星（相对于固定的星），包括太阳、月亮和肉眼可见的五个天体——火星、水星、木星、金星和土星。这七颗"行星"很快会与一些主要的神灵相联系，并被后者借用一些特征：火热而闪耀的水星（Mercurio）飞速划过天空，它将成为众神的敏捷使者墨丘利；火星（Marte）在接近地平线时呈现出浑浊的血红色，它将成为战神玛尔斯，等等。这七颗星也将定义一周中各天的顺序；这种命名方式从古希腊语跨入拉丁语，再到各种罗曼语和几乎所有的欧洲语言，并完好无损地传给今天的我们。几千年来，地球上的居民一直非常喜欢这些"漫游者"，以至于时间的流逝都以它们的名字为标志。

但现在，随着太阳开始在星云中心闪耀，围绕它的各个物质环也开始聚集在密度最大的区域周围。四颗气态巨行星因此形成，占据外层轨道，它们是木星、土星、天王星和海王星。这一切都发生在相对短的时间里，约10万年。岩石行星的聚成则需要更长时间：数千万年。

在生命的最初阶段，太阳和所有其他恒星一样，上演着一场精彩的表演。它的亮度和发出的辐射比今天强烈得多。原始星云中的氢和其他较轻成分被加热到高温，并被太阳磁暴产生的带电粒子风推动，于是被吹离较近的轨道。在被推到气态巨行星占据的区域后，它们被巨行星捕获并融入其大质量当中。随着"原行星云"开始变得有序和透明，太阳系内部最终会越发富含较重元素。

在离太阳最近的区域运行的尘埃颗粒，由于质量大，太阳辐射和太阳风都吹不走它们。它们相互碰撞，并开始聚集成更大的物体。当达到1千米级的尺寸时，它们在自身周围施加的万有引力会形成越来越大的聚集体，直至产生无数岩石体。这些就是所谓的"微行星"（又名

"星子"，planetesimi），是"种子"，从中将生出太阳系的行星、卫星和岩石小行星。

水星、金星、地球和火星，这些位于木星轨道以内的岩石行星，将通过成千上万个此类小天体的混乱碰撞而聚合、融合并最终诞生。随着体积的增加，材料中最重的部分，通常是铁和镍，将以固体形式集中在行星的核心；引力产生的压力会产生数千度的高温，使金属核的外层变成液体，岩石和较轻的元素就漂在它之上，在它外面聚集，于是，液态岩石外壳包裹了金属核。随着整体的冷却，固态岩石壳将在表面缓慢形成，越来越厚。

就这样，在约 45 亿年前，一个错综复杂的太阳系形成了：8 颗行星、数十颗矮行星、数百颗卫星、数千个亚行星维度的天体和 10 万多颗小行星。8 颗行星中，有一颗占据着特别优越的位置，并有令人发指的好运相伴。

幸好忒亚摧毁过我们

真正的好运有时会隐藏在恼人的不幸背后发生，就算在我们的生活中也是如此。因晚到机场、错过航班而绝望的旅客后面可能发现，自己纯属偶然地躲过了一场无人生还的飞机失事。而更普通的不幸则有一次失败，因职业上受挫而被迫换工作，或因一段重要感情关系破裂而陷入可怕的失意。但多年以后再回首时，你也许会发现，那个看似最悲伤的人生时期，实际上标志了一个转折点，开启了新道路，或是让自己遇到了疯狂爱恋的人。

但没有什么能与我们地球在其生命第一阶段的经历相提并论。此时，一颗大岩石行星已经占据了内太阳系第三轨道约 1 亿年。我们将称之为"盖亚"，这是大地的古老名称。它和其他天体一样，是由微行星逐渐聚集形成的，也经历了以碰撞和巨大的引力扰动为特色的剧烈动荡时期。现在最糟糕的情况似乎已经过去，但一个可怕的威胁正等候着它。

另有一个天体小于盖亚，但体积依然相当可观，依其轨道，它会不可避免地撞上我们的星球。2011 年上映、由备受争议的丹麦导演拉斯·冯·特里尔执导的电影《忧郁症》（*Melancholia*）中就想象了类似场景，而彼时，这桩噩梦真要发生了。

即将撞击我们的小行星，质量与火星相仿，我们将称之为"忒亚"。强大的潮汐力甚至在两个天体相撞之前就摧毁了它们。随后便是后果惨烈的撞击。碰撞中产生的能量让两个大天体长时间融合在一起，冲击波迅速地穿过它们。然后，忒亚的一部分与盖亚的物质相混合，从这个"致命拥抱"中跃出并试图逃跑，但却被永远困在盖亚的引力场中：于是，我们的月亮诞生了。正如在古代神话中，提坦女神忒亚，这位女神的最佳代表、天空之神乌兰诺斯和地母盖亚的女儿，生下了"光辉的"月亮女神塞勒涅。

另一方面，盖亚在经历了忒亚的撞击和月球的离开后，消化掉了创伤，又恢复了球形，并进一步增加了体积：此时，它成了地球。说地月系起源于这次惨烈的早期碰撞事件，这个假说已经在分析了采自多次月球勘探的月岩后找到了许多确证。月岩中存在一些氧的同位素，其中仍然留存着一些化石印记，记录了将地球与其卫星联系在一起的早期热烈拥抱。

月亮不仅照亮我们的夜晚，启迪恋人的梦，给音乐家和诗人提供灵感。这颗奇怪的卫星与太阳系中其他数百颗卫星相比都很不寻常，但在稳定我们星球的轨道方面发挥着重要作用。在绕太阳公转的运动中，地月系表现得如同陀螺稳定仪。

地球是唯一一颗拥有大型卫星的岩石行星。月球的

　　　　　　　　　　　宇宙创世记

直径为 3500 千米，约为地球的 1/4。水星和金星没有卫星；火星的两颗小卫星火卫一（"福波斯"）和火卫二（"戴莫斯"）是小椭球体，直径分别为 22 千米和 12 千米。我们的这三颗岩石行星伙伴，暴露在来自太阳和太阳系中其他大质量天体的引力扰动中，其自转轴与轨道平面间的角度不稳定。在百万年的时间尺度上，该角度可能发生重大变化，甚至改变几十度，并经历混乱转变期。

假如没有月亮，同样的事也会发生在我们身上。月亮如此沉重又临近，于是减弱了可能改变地球自转轴的扰动。地球自转轴与轨道平面所成的角，因月球的存在而稳定，变化幅度在 1 度以内。地球相对于太阳的倾角保持不变，就可以在较长的时间尺度上确定相对稳定的气候带，这有利于推进复杂系统那缓慢的形成过程。如果有人再像亚洲流浪牧羊人那样向月亮发问："月亮，你在天上做什么？告诉我，你在做什么，寂静的月亮？"*
他可能会得到这样一个回答，也许不太诗意，但肯定完全出乎意料："没有我，你就没有季节，地球上可能也没有生命；也不会有流浪的牧羊人来凝视我、质问我。"摧

---

* 出自莱奥帕尔迪的诗作《亚洲流浪牧羊人夜歌》。

毁过我们，这对我们来说是一个真正的福祉。

这不是发生在我们身上的唯一幸事。另一桩好运是，巨大的木星就在附近。这颗大型气体行星是太阳系中的尺寸冠军，直径为143000千米，比地球重300倍。这很不正常，以至于时至今日，人们还在争论它到底是一颗行星还是一颗小型褐矮星。某气体球如果初始质量不够大时，其核心的压力和温度就无法触发热核聚变；然而该天体还是很热，可以辐射出相当多的能量。于是，这颗"亏缺的恒星"变成了一颗温热的星体，在低得多的温度下释放辐射；它的光不像蓝光、白光或黄光那样充满活力，而是趋于暗红，它也因此被称为"褐矮星"。

木星虽是一颗"失败的恒星"，但仍有可观的质量，以至于左右了太阳系大部分区域的发展。它属于其中第一批形成的行星，凭借其庞大的引力，阻止了岩石行星在所谓的"小行星带"，这个木星和火星之间的广阔区域中形成。木星将大量岩石引向外太空，阻止了其他大质量物体的凝聚形成。但小行星带中仍有数以千计的岩石碎片在运行，它们是被大块头邻居的引力摧毁的天体的残余。它们每每试图组织成行星时，都会被木星强迫着不断碰撞。第五颗岩石行星没能形成，因而留下了更多以微行星形式存在的物质，可以用于形成"内行星"，其中就有地球。我们的星球也因而能获得这样的规模，从而能够持久地留住其宝贵的大气层。

木星这位善良的巨人，和装饰着环的土星一起，充当着保护内行星的卫兵。凭借巨大的质量，木星和土星使危险的小行星和彗星偏向自己，然后吞没它们。二者就像巨型的保镖，保护我们免受与高危物体在距离太近时相遇的风险。它们并不总能成功，比如 6500 万年前，一颗直径 10 千米、富含铱的陨石就成功抵达了我们的星球；但由于它们的存在，这样的破坏性事件对我们来说已经变得非常罕见。

木星的"大盾牌"保护我们免受灾难性事件的影响，免得它们危及地球上将要发展起来的脆弱生命形式的生存。为此，我们要感谢木星这颗大行星，它是调节者，是和平缔造者；古希腊人将它等同于能够缓和众神之间冲突的宙斯*，这绝非偶然。

---

* 在西方，"木星"（Jupiter）之名即取自宙斯在罗马神话中的对应名"朱庇特"。

复杂性的摇篮

地球的秘密隐藏在它的最深处。在固态内核和熔融的金属壳之上，漂浮着一层厚厚的液态岩石。自地球形成之初，铁和其他重金属就与较轻的成分分道扬镳。前者在最内层变密，后者聚成厚厚的岩石外层。引力收缩产生的热融化了整个内部，而伴随着冷却，地表形成了一层薄薄的岩石外壳，漂浮在熔融岩石的"海洋"上。不稳定同位素会进入放射性衰变过程，用自己的能量给地核供热，这有助于地核在数十亿年的尺度上维持高温。

地壳的大块岩石板块在不断运动，推动这种运动的能量来自巨大的"对流环"（celle convettive），它们形成于地壳之下的熔岩地幔之中。板块运动产生的超级碰撞制造出了变形，形成山脉和深谷，后者会被海洋的水填满。从板块运动产生的裂缝中，地壳下咆哮的炽热岩浆来到地表。火神武尔坎（Vulcano）作为铁匠，在他的地下大作坊里不停地工作，准备制造一幅壮观景象。

在地壳形成的初始阶段，地球上遍布火山（vulcano）现象，其规模和强度都令人生畏。阵发性的火山活动会把溶在气体和熔岩中的化学物质源源不断地带到地表，形成新的地壳。一个大气层将慢慢形成，它主要由水蒸气、氮气和二氧化碳组成，而这颗大型岩石行星的引力场也有能力留住这些气体。

水已经存在于原行星云的尘埃中，它的分子会与构成地幔岩石的分子混合在一起。在行星形成的最热阶段，很大一部分水会蒸发并损失掉，但持续的火山喷发会将水以蒸汽的形式带回地表。地球上的大部分水都来自不断撞击它的小行星和彗星；在富含水的碳质陨石和货真价实的宇宙冰山——彗星——的持续轰击下，地球将富含这种新的成分。

在宇宙喜迎百亿年诞辰之际，地球的大部分表面已为大洋所覆盖。火山喷发将高浓度的二氧化碳送入大气，其温室效应将使海洋中的大部分水在很长一段时间内保持液态。

和地球类似，太阳系中的许多其他天体也因受外来小天体的撞击而获得了水。水以蒸汽的形式存在于木星、土星和天王星等气态巨行星，以及覆盖金星的云层之中。火星的极冠中有冰。而伽利略发现的木卫二（"欧罗巴"），这颗最小的木星卫星，被深逾100千米的大片冰冻海洋所覆盖，且人们认为其表层之下存在大量的液态水。土星的大卫星土卫六（"提坦"）比地球含有更多的水，但在这里，据我们所知，水也是以冰的形式存在；而在带环巨行星的另一颗卫星土卫二（"恩克拉多斯"）上，比较可能有液态的水。

地球的炽热中心还给了我们另一件礼物，这对后续的发展非常重要。液态铁的各同心层围绕最内层的固体核心以不同的速度旋转，它们拖曳着带电粒子，制造出巨大的环形电流，由此产生了环绕地球的薄磁场，而这种隐形的结构会把带电粒子导向两极，从而保护地球免受宇宙辐射那极具破坏性的影响——宇宙辐射可以轻易切断复杂化学结构中的键。现在万事俱备，一条将与我们密切相关的事件链条可以启动了。

碳、氢、氮、氧、磷、硫是主要有机分子的基本构件，它们在宇宙中几乎到处都是，也肯定富含于早期地球的环境之中。以这些元素为起点，在大洋底中邻近海底火山或热泉的区域，就产生了我们在生物体内发现的主要生物分子的前体。正是这些非常特殊的环境——富含盐分的高温水混合着各种气体——需要我们去静观其中生出第一批生物结构。这里有将一氧化碳、氨和甲醛转化为氨基酸、脂质、多糖和核酸的化学反应，这些反应能够持续足够长的时间来构建第一批蛋白质，并将信息组织成最原始形式的脱氧核糖核酸（DNA）。

我们还需考虑如下假说：能够在极端温度条件下生存的细菌或其他非常简单的生物体，可能是由在地球存在的最初 10 亿年里不断来袭的小行星和彗星带来的。原始生命形式可能就嵌在星体碎屑的岩石中或混合着彗星冰物质的尘埃中。它们可能起源于别处，被大碰撞或大规模的喷发而投射到太空中，并已经在整个太阳系中散播了生命物质。如果第一批生命形式确实是从太空来到我们星球的，它们肯定在这里找到了一个适宜的环境。

可以肯定的是，35 亿年前，因在海水保护层之下而免受紫外线的轰击，第一批基本生物结构开始发育：就是"蓝藻"（又名"蓝细菌"）。它们算是一种极小的藻类，其发展将引发另一场时代巨变。它们是单细胞生物，会排成尺寸小于千分之一毫米的丝状体；它们还是"原核生物"，即其遗传物质在细胞内自由漂浮，没有膜来保护。

蓝藻能够捕获光线并将其转化为能量，这一过程就是"光合作用"。它们还会完善这一机制，以适应发展自身群落的不同环境。

始于二氧化碳和太阳光的生化反应，合成了糖，并放出了氧气，极大地改变了地球的环境。起初，藻类产生的氧气被洋底丰富的铁所吸收。但是当蓝藻的数量急剧增长时，铁吸收不了的那部分氧气从水中释出，结果造成广泛的破坏。地球的大气发生了根本性的成分变化，变得对所有没适应环境条件变化的生物而言越发地有毒。这是种类繁多的原始生命形式的第一次大灭绝，但也为新物种的迅速发展铺平了道路。

大约 24 亿年前，地球的大气层已经稳定地含有较少比例的氧气了。对我们人类来说，这种空气仍然无法呼吸，但朝着那个方向的进程此时已经不可阻挡。

继第一批原核生物之后，生物体发展出了遗传物质的保护核，并从中获得了演化优势，这决定了真核生物的成功。新的含氧大气层应该说也有利于第一批多细胞生物的发展，新近的发现使我们能将多细胞生物追溯回大约 20 亿年前。自此，各种日益复杂的生物形式大量繁殖，经历不同的危机和扩张阶段，并通过自我修正从可怕的大规模灭绝中幸存下来。

大约 5 亿年前，大概是由于巨大的温室效应，地球正在经历一个极度变热的阶段，此时，新生命结构出现了——应该说"幻化"了出来。时值寒武纪，二氧化碳含量达到了现代的约 20 倍，平均温度比现在高 10 度。结果是生命的真正爆发，出现了形形色色的植物形式和第一批脊椎动物，即鱼类，后面是大型爬行动物。

一场新灾难从根本上改变了这种景况。6500 万年前，随着一颗大陨石的撞击，气候因碰撞扬起的尘埃而发生了深刻的变化。一场突如其来的寒冷笼罩地球，导致了大型恐龙大规模灭绝，却同时为小型哺乳动物提供了意想不到的机会，它们成功存活下来，并占据了所有空出来的生态位。

从其中的一个生态位开始，在几百万年前的非洲之角上一片由峡谷和大草原组成的区域，一群灵长类动物从此前一众物种中脱颖而出，凭借的是其非凡的社会态度，以及前所未有的创想、制造并使用工具的能力。自我意识的火花转化为计划、愿景和工具制造，这对于第一批人形巨猿来说将是巨大的演化优势。初代原始人的后裔很快就占据地球上的所有栖息地，迅速适应不同的环境条件。

于是，我们来了。眨眼之间，故事就到了我们。

系外行星

宇宙可能包含着众多有生物栖居的世界——这种想法可以追溯到伊奥尼亚（Ionia）的前苏格拉底哲学家。这种直觉要归功于米利都（Mileto）的阿那克西曼德，他是泰勒斯的天才学生。他也是第一个提出以下革命性想法的人：地球飘浮在太空之中，不会坠落，亦无任何支撑。

"世界无限多"的概念先是被毕达哥拉斯学派重拾，而后被伊壁鸠鲁及其在罗马世界的追随者（以卢克莱修为首）异常清晰地阐述。但这一观念被占主导地位的亚里士多德主义扼杀了几个世纪，然后才在奥卡姆的威廉那里羞涩地重现，最终在文艺复兴时期由库萨的尼古拉主教和乔尔丹诺·布鲁诺发扬光大。布鲁诺这位来自诺拉（Nola）的哲学家，以巨大的决心在整个欧洲播种存在无数个太阳和地球的观念。大概正是这种在有限的专家圈子之外传播危险思想的公开活动，将他带向了悲惨结局：被烧死在罗马的鲜花广场。

今天，科学证实了这一行勇敢思想家的直觉，但我们仍然不知道那个最简单问题的答案：智慧生命是否存在于宇宙中的某个别处？大数定律表示这很有可能，但迄今为止收集的证据还不足以得出结论。

　　但在这 30 来年中，情况一直在迅速发展，因为对"系外行星"的探寻取得了巨大进展。顾名思义，这些行星在太阳系之外，围绕着其他恒星运行。直到晚近时期，人们还认为拥有行星的恒星占比很小。但在近些年里，相关探测技术得到了改进，于是每个月都有新的观察结果公布，目前发现的系外行星已超过 3700 颗。[*]

　　探测它们的努力，最早可以追溯到 20 世纪 40 年代。但当时用的还是相当粗糙的侦测技术，如"天体测量法"。根据万有引力定律，恒星拥有行星时，母星会围绕该恒星系的质心进行小幅旋转；行星的质量越大，恒星的周期性位移就越大。因此人们一直针对母星寻找小的周期性位置变动，但结果令人失望。

　　第一批惊喜，出现在人们开始使用"径向速度法"之时。该技术采用相同的原理，但也利用了"光谱法"来提高准确性。我们分析恒星的发射光谱，并随着时间的推移检查与各种频率相对应的线。如果恒星因行星的存在而发生轨道运动，则由于多普勒效应，可以测量到

-----

[*]　最新数据是超过 5000 颗。

它的光发射频率有微小的周期性变化。

正是由于这项新技术，第一批系外行星在 90 年代被发现。但它们是大型天体，类似于我们的木星。这些巨行星主要是气态的，很靠近母星公转，因此表面温度高得可怕。

自从发展了"凌日法"（il metodo dei transiti，又名"掩星法""掩光法"dell'occultamento）以来，该领域得到非同寻常的推进：可以同时对数十万颗恒星保持观测。这种技术基于精密测光（fotometria di precisione）：监测恒星的亮度，并测量行星经过其前方时恒星产生的最轻微的光衰减。在这种情况下，扰动也必须是周期性的。借助扰动的特征形状，我们能测得行星的大小，再将该信息与测量质量的径向速度法相结合，就能知道行星的密度。

最现代的仪器所达到的灵敏度使得观测范围可以延伸至数千光年之外，能够识别的行星比水星还小。

就这样，这些年来，寻找新"地球"已经产生了轰动性的结果。现在很清楚的是，银河系中的好多好多恒星都有行星环绕。要发现其中一些行星有大气层，因而或许已经发展出与我们这里有可能相似的生命形式，只是时间问题。

如果有系外行星被大气层包围，其母星的光会在穿过该大气层的上部后到达我们。这条路线会稍微改变光的一些特征，从中我们可以推知一些基本信息。通过长时间的观察，我们很快不仅可以确定某些行星是否有大气层，还可以确定该大气层中是否含有水、二氧化碳或甲烷。显然，这不足以确定那里存在生命形式，甚或还与我们最熟悉的生命形式相似。但数字的力量是惊人的。

考虑到每个星系中都有约 1000 亿颗恒星，我们也必须设想宇宙中有数量惊人的岩石行星。即便排除那些运行于非宜居带的行星，依然还会有超多行星与生命相容，即能够容纳液态的水。

我们已经知道，以上条件还不足以保证行星的环境就适于精细而复杂的生物结构的发展。行星的质量也起着重要作用。它必须足够大，以保证其引力可以束缚住大气层；也应该有磁场，好在宇宙辐射下保护自己；最后，有稳定的轨道、活动在星系中远离重大灾难的区域，也会大有帮助。但最重要的是有时间，即某些稳定条件能持续数十亿年。

前段时间，以伟大的德国天文学家命名的美国宇航局（NASA）探测器"开普勒"宣布发现了 1284 颗新的系外行星。而一组比利时天文学家研究智利拉西拉（La Silla）天文台的数据，发现了 Trappist-1，这是一个"迷你太阳系"，主星是一颗红矮星、一颗距我们仅 39.5 光年的"小太阳"，位于水瓶座中。它包含 7 颗岩石行星，其中一些与我们的地球非常相似，其中 3 颗正位于所谓的宜居带，就是说它们与母星距离适中，于是温度与我们这里相似，假如有水，还会形成湖泊和海洋，就像我们美丽的星球上也广泛分布着湖海。我们现在既然知道了该往哪里看，就可以去更好地了解它们的所有特征，也许可以看出其中某颗或某几颗行星上是否有大气层。

根据我们现有的知识，Trappist-1 这个"小太阳系"显然还太年轻，只有 4 亿年的历史，不会包含什么生命形式。但一条漫长的发现之旅才正要开启，倒计时已经开始。几年后，如果我们就此问题终于收集到第一批毫不含糊的数据，从而消除了最后一些疑虑，届时，我们将面临双重挑战：一方面，如何消化这一货真价实的文化冲击；另一方面，无论距离多么遥远，也要（为什么不呢）寻找合适的技术来和外星生命取得联系，甚至造访新的世界。科学又一次飞跃式地前进，并突然改变了曾经看似不可动摇的范式。

但现在，让我们回到我们的起源故事。它终于到了尾声，而从开端到这里，已经过去了 138 亿年。"第七日"恰好结束在这一刻：我们的某个远祖起身开始讲述这个故事，而其他人围成一圈，入迷地倾听。

10
我们何以为人

没人会确切知道这发生于何时，也不可能弄清楚谁是第一个。要重构他使用的语言是无望的，遑论还原他想向周围的人传达的信息。也许是集体在庆祝某个至乐时刻，又或许是在一场可怕的不幸之后寻求安慰。

但我们确实知道，在我们历史的某个时刻，有人开始讲述。当然，这人比别人更异想天开，也许是患有某种精神疾病，或只是更不安分，总之，他以一种出人意料的方式将词语串在一起。我们只能想象这样的场景：在一个光线昏暗的山洞里，一个由 10 到 15 人组成的家族围坐在这人周围——他发现了魅惑他人的力量，能用一串施了魔法的词语拴住他们。一连串表达在新的语境中使用，从功利性功能中解放了出来，在空中飞舞，变成歌与诗，变成集体知识。这是具有深远象征意义的仪式用语，魅惑着所有的人。

象征性建构

近几十年来接踵而至的各种发现使我们得出结论，某个象征性宇宙的初次展现，出现在尼安德特人之间。我们谈论的这个物种，经证实，比智人早数十万年就存在于欧洲（智人在约 4 万年前到达欧洲）。

尼安德特人和智人可能来自同一个祖先：海德堡人。这一物种在一百多万年前的非洲由直立人演化而来，在占据非洲大陆后，又于大约 60 万年前的间冰期扩散至欧洲，甚至可能包括亚洲。智人将从留在非洲的海德堡人中分化出来，而尼安德特人则出自定居欧洲的海德堡人。这两个物种在大相径庭的背景环境中演化，发展出不同的特征；但从遗传的角度来看，他们仍然非常接近。我们说他们是近亲，即便不是同胞兄弟，至少也是堂表亲。

尼安德特人的身体特征引发了对他们的某种偏见。他们比四肢修长的智人体格更大、更壮，于是总是显得更原始、发展程度更低。但其实，这些身体特征来自对严酷环境的非凡适应。

尼安德特人在欧洲生活了数十万年，这里气候恶劣，短暂的温暖时期（间冰期）后会跟随着极长的冰期，对栖居此地的物种提出了严苛的生存能力考验。缺乏光照可能导致了尼安德特人基因突变，他们皮肤变白，比其祖先和我们智人的肤色浅得多，这在智人走出非洲、与他们在欧洲初次相遇时就很明显了。许多尼安德特人有棕色、金色或泛着红色的头发，以及浅色的眼睛。他们都有强壮的体格、坚实的骨骼和发达的肌肉，这些都是抵御恶劣气候、活在严酷地域的决定性装备。他们的颅容量比智人大，也就是说脑子比我们大；但他们的头呈卵形，类似于橄榄球，前额低而突出，枕骨明显。他们鼻子也很大，眉弓几乎连在一起，面部明显前突。

总之，尼安德特人的外表，与我们智人根据自己的形象建立的审美标准，有着鲜明的差异。但如果今天的地铁上出现一个穿西装打领带的尼安德特人，我们应该不会对他的外表太过惊讶。在超级多样的现代人类个体中，是可以找到与这个古代物种很相似的特征的。然而，似乎正是我们的这些表亲——尽管外表那么粗朴——成功开发出了最强大的生存工具之一：象征性宇宙。

尼安德特人是强健的运动员，饮食富含蛋白质，唯其如此，他们才能在欧洲那严寒冷的冰期气候中生存。为了蔽体和自我保护，他们会利用动物毛皮，以精湛的技艺剥制、刮削。他们的双手肌肉发达，可以制作精致的石器、木器。他们擅长将燧石变成锋利的工具，使用的是一种后来被界定为"莫斯特文化"（Musteriana）的切削技术，其技艺非凡的产品将传遍全欧洲：有尖刺、圆盘、石刀、刮削器和绝美的双刃石叶。其中许多石刀形或尖刺形的工具还会用沥青固定在长矛等木制工具上，从而更具杀伤力。

尼安德特人是杂食动物，但他们的饮食中有 50% 是肉类。一旦发现大型尸体，他们就会趁机食用。但最重要的是，他们是极其熟练的猎手。他们的武器有用火硬化过尖端的长矛，和长度超过两米的标枪。用这些武器，他们能够猎杀大型动物，包括熊和象。

要组织大型围猎，必须先有方案，一个多位猎人可以共享的计划，涉及复杂的沟通形式和明确的等级结构。需要有团队发出尖叫等声音，将猎物驱赶到预先安排好的地方，或说将它们逼向陷阱，那里有最强壮和最勇敢的猎人可以在不冒太多风险的情况下攻击猎物，或是给予致命一击。参与狩猎的想必是整个部落，但即便如此，这仍是一项充满危险的活动。狩猎队伍的成员经常落得身负重伤——他们出土的骨骼上有许多骨折的地方，就说明了这一点。团队会为伤者提供照护和扶助，因为有证据表明，有明显外伤的人也活到了那个时代的高龄；没有年轻成员的帮助和整个社群的支持，这是不可能的。

尼安德特人有这样清晰而复杂的社会组织，再拥有复杂的文化生活也就不足为奇了。在这方面，考古也有一些令我们惊讶的发现：有迹象表明，他们会将死者摆成胎儿的姿势埋葬并染成红色；人们发现了用赭石绘制并点缀羽毛的饰品，还有用鹿牙或鹰爪制成的项链。

赭石的使用尤为重要，因为红色是血的颜色，而人的出生和死亡都在血液之中。把尸体摆成胎儿的姿势埋葬并涂成红色，也许是在把死亡想象成重生。这是一个重要的线索：由一小群一小群人组成的社会，时刻面临生存需求的压力，却投入宝贵的时间和精力去照顾死者尸体并组织哀悼仪式。显然，这个文明认为它的象征性宇宙甚至比食物更重要，到了认为这一套仪式必不可少的地步，这些仪式为他们的世界观提供了实在的养料。

其他考古发现似乎强化了这一假设。在某个深洞的距入口数百米处，人们发现了由钟乳石组成的石圈，令人叹为观止。是谁推动那些人在蜿蜒曲折的黑暗中长途跋涉，深入地球的内里？何必费力打碎几十千克重的石头，再运到预定的地点？又何必花精力把它们排成一圈？显然他们为这样的活动赋予了重要意义。这些环形结构具有我们可能永远不会知道的仪式功能，它被认为不可或缺，因而他们才为此投入时间和精力。对于另一些东西我们也可以做此设想，它们没有壮观的尺寸，但用途同样有趣：几块带几何符号的骨片，一根小骨笛，一些用水晶或其他宝石凿削成的双刃石叶，它们从未有过实际用途，也许与一些我们永远无法复原的仪式有关。

当人们能够为发现于西班牙的洞穴壁画准确定年时，一切对于尼安德特人的象征性宇宙的怀疑都消失了。在三个洞穴内部发现的十几幅壁画可以追溯到 65000 多年前，比智人抵达欧洲大陆早两万年。锦上添花的惊喜是，研究人员在西班牙东南部的"飞机"（los Aviones）洞穴中发现了许多有穿孔和装饰的海贝壳，其中一些带有的红色、黄色和黑色颜料痕迹，可追溯到至少 115000 年前。这些贝壳也许是用来准备颜料的器具，为的是在洞壁上画兽群、点、几何人形、手印——用赭石色和黑色。

我们不知道墙上的记号、形象和涂鸦对创造它们的人来说究竟代表什么。有符号、梯子、动物和狩猎场景。画出它们的手法，精湛又稳健。面对我们远古祖先的岩画，有一种自然主义基调的解读倾向；即便面对的是数万年后的智人创造的奇妙图像，也是如此。此刻，我想到了距今约18000年的阿尔塔米拉（Altamira）或拉斯科（Lascaux）洞穴的作品，它们画幅很长，画的是动物、人和狩猎场景。但我们真的会认为，深入黑暗的洞穴，借着火炬或特意点燃的火堆那昏暗的光亮，寻找颜料并做高超的调色，然后花费多年，只为描绘日常生活场景，很值得吗？

　　画出每个洞穴中的每幅岩画的每一只手背后，都有一所学校，有一大堆纪律和严酷的筛选。只有最有天赋的人才有权免于或至少部分地免于为生存而艰苦工作，腾出时间精力从事此类活动。我们必须想象在智人中，甚至更早的尼安德特人中，有大师在传授技艺，在学生中选择最有前途的人，托付给他们如此宝贵的技艺遗产。声称这些画是用来向年轻人解释狩猎技术的，就如同认为在西斯廷教堂的穹顶上，造物主和亚当即将彼此食指相碰，是一种犹太人的典型问候方式。在这些壁画的细节背后，有一个象征性宇宙，经过此门，有一整个人类社会在等着我们迎接和传承。

我们永远不会发现尼安德特人给他们的画作赋予了什么意义，但无疑知道这些作品在他们眼中有巨大的价值。我们认为，在这些洞穴中举行的仪式，对于保持那些群体的团结至关重要。说智人取代尼安德特人，是因为前者有更丰富的语言、更清晰的社会结构、更发达的象征性宇宙，这种偏见已被证明是完全错误的。

象征性思维的出现标志着人类演化的一个基本阶段。今天我们知道，这方面的发展所涉的精深认知能力，并非为智人所专擅，而是有着更古老的起源，是尼安德特人也享有的能力。也许，要确定这种认知能力的来源，必须回到更遥远的过去，去专注于研究第一批尼安德特人，甚至追溯到他们和智人的共同祖先。

但可以肯定的是，对于起源史诗的构建与使我们成为人类的过程密切相关，它就扎根于时间的黑暗深处。

太初是惊奇

在《泰阿泰德篇》中，柏拉图借苏格拉底之口说：

"θαυμάζειν（thaumazein）尤其是哲学家的一种强烈感受，哲学除此之外别无其他开端。"亚里士多德在《形而上学》第一卷开头的著名段落中也写道："人类对哲学的思考，起源于θαυμάζειν。"这个词包含词根θαῦμα，与"奇术师"（taumaturgo）的词根相同，通常译为"惊奇"（meraviglia，或"惊异"）。面对令人着迷、具有超拔气质而又无法解释的东西，有人会惊愕同时好奇，哲学便由此产生。亚里士多德明确写道，人会从最简单的问题开始，再对越来越复杂的现象提出质疑，直至去探问月亮、太阳和星星，最终询问整个宇宙是如何形成的。

仰望星空时感到的惊奇，即使在今天，也是一种强烈的情感，其中显然回响着某种古老的惊愕，而这份惊愕也鲜明地存在于千代万代的前人身上。但只凭这种感受，也许还不足以理解我们一定要为重大问题寻求答案的那种深沉、原始、近乎与生俱来的迫切需要来自何处。

当代哲学家埃马努埃莱·塞维里诺重申了这一主题，他坚持认为θαῦμα必须译为"痛并惊奇"，如此才能恢复该词的本义，也才能将"知识"理解为"解药，解的是起于无明的湮灭所引发的恐怖"。

事实上，荷马就在这个意义上也用此词。他在描述波吕斐摩斯时称它为 θαῦμα。波吕斐摩斯是一头独眼巨怪，肢解并吞噬奥德修斯的不幸同伴。在这个语境下，θαῦμα 一词与"苦痛"的固有联系更加明显。神话中的这头怪物拥有庞大的身躯，人一看到就会既惊愕又恐惧。巨人象征着大自然的野性之力，其震撼性的力量会同时激发我们的惊奇和苦痛，因为与之相比，我们只会自感微末、易逝。大自然释出的力量，如喷发的火山，可怕的飓风，让我们着迷又畏惧，因为它们可以瞬间撕碎并吞噬我们。在这部恢宏的戏剧中，我们这种脆弱的小生命只是不断暴露在苦痛和死亡面前，我们所扮演的角色，完全无足轻重。

就在这里，关于起源的故事和解释——无论它属于神话还是宗教，哲学还是科学——就在它描述"惊奇"的来龙去脉的同时，给了我们慰藉和安心。这个故事给不受掌控的事件序列带来了秩序，从而保护我们免受苦痛和恐惧。在这个故事中，人人都有自己的角色，都在演着自己的戏份。这个故事赋予了生存的伟大循环以意义。我们感到安心，因为我们自感受到了保护，也缓和了畏死之心。我们仍然会意识到，对我们来说，一切都会结束，而且很快——与我们周围的物质结构的演化的时间大周期相比。但是，让人心安的是，我们知道这一切都服从起源故事中描述的秩序。

数百万年来，人类每天都不得不面对生存的艰辛。近几十年，仅对部分世界人口而言，这种极度脆弱、危如累卵的生活体验已经减弱。但在灵魂深处，我们仍能感受到祖传的苦痛。我们都像《忧郁症》的小主人公利奥（Leo），在灭顶之灾即将不可避免地袭击地球之际，会去寻求保护和安慰。他需要某人告诉他：别害怕，你不会有事。这个"某人"就是姨妈贾丝汀（Justine）。她遭受着病痛，在平常生活中几乎被严重的抑郁症抹杀，但在危急时刻，健康的"正常"人失去理智，她却能以最清醒的方式行事，并找到足以维持自身人性的力量。她与孩子一起躲进小帐篷避难，这不会让他们免受灾难，但直到大撞击的前一刻，在姨妈温暖的怀抱中，听她平静地讲着故事，孩子感到了安全。

艺术、美、哲学、宗教、科学——一言以蔽之，文化——就是我们的魔法帐篷，自古以来我们就迫切需要它。它们很可能是一起诞生的，是象征性思维的不同表达形式。不难想象，词语的韵律和谐促进了起源故事的记忆和传承，歌与诗随之而生；洞壁上描绘的标记和符号也是如此，而且形式上的完美程度越来越高；或者在伴随庆祝或哀悼时刻的仪式中，有规律的声音可以适配身体的有节奏运动，或是贤者、萨满的唱诵。科学是这个故事的一部分，它同时是"认识"（επιστήμη/epistēmē）和"技艺"（τέχνη/technē）——即生产工具、物品、机械的知识和能力——这并非偶然。

对古希腊人来说，"技艺"，这个意大利语"技术"（tecnica）一词的词根，也同时表示手艺和艺术活动，这也并非巧合。例如制造双刃燧石石叶时，技术需求与审美需求交织在一起，前者意在获得锋利、称手的切割工具，后者则追求对称、精细、完美平衡，总之是美感，就像一件艺术品。

对于所有在地球上生活了数千年的人类群体而言，这些需求应该说都构成了某种无法抑制的东西。即使是那些在婆罗洲或亚马孙丛林中时有发现的最为偏远、孤悬的部落，也发展出了独特的艺术表现形式、自己的仪式和象征性宇宙，所有这些都围绕着某种起源史诗而建立。没有这个故事，不仅伟大的文明无法建立，就连最基本的社会结构也无法存活。我们这个星球上所有的人类群体都具有强烈的文化意蕴，原因就在这里。

想象的力量

文化，对自我和对自己最深根基的意识，是一种超级力量，即使在最极端的条件下也能保证较大的生存机会。让我们暂且来想象一下两个原始社会群体，两个尼安德特人小部落，彼此孤立地生活在那个时期的严寒欧洲，并假设其中某一个群体偶然间有了自己的世界观，他们用仪式来滋养它、传承它，也许还在居住的洞穴中用壁画这种视觉方式表现它；而另一个群体则没有这些，即在没有发展出任何复杂文化形式的情况下演化。现在我们再假设两个群体都遭遇了可怕的悲剧，如洪水或极寒时期，也可能是野兽的袭击，导致部落只幸存一人，其余全灭。这两个群体各自的唯一幸存者将不得不克服千难万险，面对各种形式的匮乏，迁去其他地区，并可能要在敌对人群的袭击下勉力求生。两者中哪一个会表现出更强的韧性？谁将有更好的生存机会？

起源史诗会给你在被击倒时站起来的力量，激励你忍受最黑暗的绝望。紧紧攥住给予你保护和身份认同的"救生毯"，你就找到了抵抗的决心和坚持的力量。将自己和部族置于从遥远的过去开始的一长串事件中，就可以展望未来。谁有这种意识，谁就能把当下的可怕牺牲置入更广阔的背景，为苦难赋予意义，更好地克服最可怕的悲剧。

这就是为什么，历经千代万代，我们仍然在这里，在赋予艺术、哲学和科学以价值。因为我们是这种自然选择的继承者。最有能力发展象征性宇宙的个人和群体享有显著的演化优势，而我们就是他们的后代。

我们不必为象征的力量和想象的力量而惊讶。"我们是社会性动物"，比"我们生活在由个人组成的有组织群体中"这一简单事实更深刻、更根本。

在过去的几年里，世界各地纷纷启动了雄心勃勃的科学项目来研究人脑的功能。这些是多学科的倡议，有充足的资金和资源，成千上万的科学家致力于其中。在许多情况下，为详细了解一些基本机制，人们也在制造电子模拟神经元及其相互作用的网络。所有这些对于理解脑功能的一些动态机制都很有用；但是为什么，神经科学家们自己却告诉我们，扩展这些基本结构以期构建人工的脑，并没有意义？

这不仅仅是克服重大技术困难的问题：我们的颅内拥有近 900 亿个神经元，每个都能与相邻神经元建立多达一万个突触。真正的问题比这更深。即使我们能造出如此复杂的电子设备，它能准确地复制我们的脑结构，那也不是人脑。这里仍然缺少一个基本成分，要以电子形式复制它会复杂得多，那就是：以语言、身体和情感关系为中介，与其他人脑互动。换句话说，是在他人的眼中，通过目光和情感的交流，通过与社会群体中相关他者的互动，我们才成为人。

新生儿的可塑性脑会在与世界的关系中获得形塑，中介是照顾他的成年人，就从母亲的注视开始。婴儿看着正在喂养自己的人的眼睛，会根据在他们的关系中出现的反应来修改自己的突触。我们称之为人脑的东西，诞生于两个方面的相互作用：一是这个能够适应和顺应外部刺激的可塑性系统，二是与社会群体的其他成员建立的一系列关系。这种关系由欲求和希望滋养，甚至在胚胎还没有出现在母体内就开始了；这种关系在婴儿出生前就在与父母的梦想交谈，面对过去和前人；它也会投射向未来，因为它会形成幻景——小型社会群体会围绕新生儿的形象建立起来，祖辈、父母及其亲人从他身上看到相似之处，进而与古老的故事相连，旧的恐惧和新的期望再次从中浮现。没有任何电子设备能够重现这一切。

　　为了证明以上这些，我们只需想想刚一出生就被遗弃在野外、由一群动物抚养长大的婴儿。他们有着和同龄人结构一样的脑，但由于缺乏人与人的关系，无法完全成为人类。再多的后续治疗都无法完全填补早期发育中产生的缺憾。

　　想象力和讲故事一旦在某个群体中得到培养，它们就会成为强大的生存工具。谁能够倾听和想象，谁就能借积累知识而体会到他人的经验。故事浓缩了漫长的前代积累的教益，使我们能够理解和体验，经历上千次的人生。想象力能让我们体验激情和恐惧、悲伤和危险，以及群体的价值观。而保存想象力并掌控其发展的规则，被一代又一代人重申和牢记。

　　想象力会在文化非常先进的社会群体中得到发展和鼓励，是人类有史以来开发出的最强武器。科学也诞生于想象，它选择将自己的叙事建立在实验证实的基础上，于是不得不发展出更为大胆的技术和愿景。为了探索物质和宇宙的最隐秘处，科学必须克服所有限制，把起源故事变成一段非凡的旅程。

　　在这一过程中，科学经常不得不改变人类思维方式的范式。从阿那克西曼德到海森堡再到爱因斯坦，科学在历史上已经如是多次，而且还会继续这样下去。科学不断前进，改变着我们看待和讲述世界的方式。每每发生此种情况，一切都会随之改变：不仅因为有新工具、新技术由此产生，最重要的是，范式的改变令我们所有的关系都发生了变化。一旦用不同的眼光看世界，我们的文化、艺术和哲学就会改易。了解和预测这些改易，就意味着会拥有建造更好人类社群的工具。

因此，艺术、科学和哲学在今天仍是根本性的学科，它们将"一致性"赋予我们人类。这种诞生于我们最遥远过去的统一世界观，仍是应对未来挑战的最合适工具。

后 记
圣母升天日屠杀

西西里莫迪卡（Modica），2018 年 2 月 21 日。这里的诺托壁垒（Val di Noto）乃是世界的瑰宝，而你一到莫迪卡，尤其是在晚上，就会被这座城市迷住：它被皮佐山（Pizzo）的山脊一分为二，上有孔蒂堡（Castello dei Conti）居高临下，统摄全城。山脊两侧是相依相偎的房屋，山上的古老洞穴仍然敞开。许多巴洛克风格的教堂俯瞰壮观的台阶。莫迪卡是一处意想不到的奇观。

我来这里，是为了在明天举行的一场大会上讨论宇宙的起源。该会议旨在致敬哲学家、医生和科学家托马索·康帕伊拉，1668 年他生于此城，如今该城市要纪念他的 350 周年诞辰，召集的名义就取自他最重要的作品：《亚当或受造世界》（*L'Adamo, ovvero il mondo creato*）。康帕伊拉是笛卡尔的忠实追随者，他与当时的一些大家通信，连乔治·贝克莱都来莫迪卡拜访他。他写下《亚当》这首哲学诗，作为创世的纲要。明天，我们将以此为灵感，谈论《圣经》和"创世记"，谈论创世和科学。除我之外，他们还邀请了威尼斯首席拉比沙洛姆·巴赫布特，以及耶稣会士和神学家切萨雷·杰罗尔迪神父。

今晚我们共进晚餐，在一家由犹太家庭经营的出色餐厅，菜单严格符合犹太教规。与我们同桌的是当地小型犹太社区的代表，他们正在筹资重开一座犹太会堂。晚餐时，有人回忆起圣母升天日（la Assunta）的屠杀，这段莫迪卡历史上的遥远插曲，给这个古老社区的生活留下了深深的印记。

那是在1474年，一个相当大的犹太社群已经在这座城市生活了几个世纪，他们几乎都住在朱代卡区（Giudecca）。因为圣母升天日的布道，从拉古萨（Ragusa）来了一位著名的多明我会修士——激情的演说家乔万尼·达·皮斯托亚修士，他将在伯利恒圣母教堂主持弥撒。当时，旨在使犹太人改宗的布道已经实行了一段时间，犹太人要被迫遵循这一天主教仪式。这种事已经司空见惯，一直没出过什么问题，直到那个礼拜天。人群中爆发了骚乱，发生了极其严重的事故，有人死亡。一群人手持铁镐、刀具和其他工具袭击了在场的犹太人，血染教堂墓园。这群人喊着"圣母永生！犹太人去死！"，屠杀男人、女人和孩子，然后涌向朱代卡区，席卷那里的住家。死者数百，所有房屋被洗劫一空，犹太会堂也被烧毁。对犹太人的猎捕持续了数日。这场可怕屠杀的少数幸存者躲进了山洞，或是逃到其他城市寻求庇护。自此，莫迪卡就不再有犹太人的礼拜场所。而这个小社群在经历了意大利的种族法和驱逐等无尽的苦难后，其后裔想要重建他们的犹太会堂。

次日会上，我第一个起身发言，根据科学的描述讲了宇宙诞生的故事。然后是切萨雷·杰罗尔迪神父，这位来自意大利克雷马（Crema）的耶稣会士和神学家在耶路撒冷生活了多年，编辑了《圣经·创世记》的新译本。他体格健壮，擅长讲故事，迷人而又魄力十足。

他的演讲一开始就气势磅礴："托奈利教授给你们讲述了宇宙的诞生。他告诉你们的是对 138 亿年前所发生之事的最准确描述，那是遥远的过去。我会和你们谈谈《创世记》，一本关于未来的书。"他说，要理解《创世记》，我们必须从它的写作时间和背景开始。

后 记

现在几乎没有疑问，《创世记》实际上是两本书，由不同时代的不同人所写，然后才被整合为"妥拉"（"摩西五经"）的第一卷。这位圣经学者指出了两个版本的许多矛盾，强调了语言和风格的变化，以及对同一事件的两种不同叙述，其中的不同不仅在于事件的顺序——某些动植物在一个版本中的出现早于人类，在另一版中则晚于人类——甚至主角的称号也发生了变化：第一版中的埃洛希姆（Elohim），在另一版中变成了 YHWH（雅威）这四个辅音字母。

但最重要的事发生在后面：他开始讲这本至圣之书的写作背景。那是公元前 6 世纪的巴比伦。尼布甲尼撒二世在征服耶路撒冷并摧毁圣殿后，驱逐了犹太人中的宗教、社会和知识精英。这是最可怕的灾难，对于亚伯拉罕和摩西的这个古老宗教来说，最后时刻似已来临。"选民"中最骄傲的成员，在被羞辱和剥夺土地后，现在面临着征服者的巨大力量，这不仅仅是物质和军事上的。寰宇之王尼布甲尼撒代表了当时无与伦比的文明。巴比伦是世界上最大的城市，闪耀着各种奇迹；它的学者在所有学科中都表现出色，并且将数千年传承下来的知识汇集在成千上万的泥板、石板和莎草纸中。

面对巴比伦—亚述的文字文明，犹太贤者们决定第一次以书面形式汇集犹太人的起源故事。在最可怕的绝望时刻，他们紧紧攥住包含着他们的身份认同和最深根基的文本。他们向这本圣书寄予希望，希望将来能克服降临在他们身上的一连串不幸。通过讲述世界的起源，他们寻求自己的未来，梦想回到耶路撒冷并重建圣殿和他们璀璨的文明。

几千年来，在面临最艰难的考验时，世世代代的犹太家庭都在培养这同一种应对方式。通过坚守圣经，他们将克服最可怕的迫害。在莫迪卡的圣母升天日屠杀中幸存下来的那小部分犹太人也是如此。

正是以上的种种，启示了我来写作本书，并将其命名为《创世记》，好让每个人都能拥有现代科学交给我们的起源史诗，了解自己最深的根基，并发现用以面对未来的启迪。

致　谢

感谢所有在争鸣和讨论中为本书提供启示的人：Sergio Marchionne、切萨雷·杰罗尔迪神父、沙洛姆·巴赫布特拉比、Remo Bodei、Gianantonio Borgonovo 阁下、Vito Mancuso、Pippo Lo Manto、Piero Boitani、Sonia Bergamasco 和 Lucia Tongiorgi。

尤其感谢 Alessia Dimitri，没有她的决心，这次新的冒险就不会开始。

最后，要特别感谢 Luciana，她不仅在本书起草阶段的超负荷工作期间付出大量耐心，还提出了无数建议，多次与我讨论艺术和哲学，仔细阅读了这部手稿，许多部分因此才得以深化和改进。

人名对照表

本表中一些古人名或神名，会同时列出意大利语写法（第一位）和以英语为代表的通用写法（第二位），以分号隔开，如"阿耳忒弥斯：Artemide; Artemis"。

A 　阿波罗：Apollo

阿尔克墨涅：Alcmena; Alcmene

阿耳忒弥斯：Artemide; Artemis

阿芙洛狄忒：Afrodite; Aphrodite

阿喀琉斯：Achille; Achilleus

阿那克萨戈拉：Anassagora; Anaxagora

阿那克西曼德：Anassimandro; Anaximander

埃俄罗斯：Eolo; Aiolos

爱因斯坦，阿尔伯特：Albert Einstein

安德森，卡尔·大卫：Carl David Anderson

奥卡姆的威廉：Guglielmo di Occam; William of Ockham

奥维德：Ovidio; Ovid

巴巴雷里，乔尔乔：Giorgio Barbarelli，另见"乔尔乔内" 　B

巴赫布特，沙洛姆：Shalom Bahbout

巴门尼德：Parmenide; Parmenides

百臂巨人：Ecatonchiri; Hecatoncheires

柏拉图：Platone; Plato

贝克莱，乔治：George Berkeley

贝里尼，乔凡尼：Giovanni Bellini

毕达哥拉斯：Pitagora; Pythagoras

庇护十二世：Pio XII; Pius XII

波吕斐摩斯：Polifemo; Polyphemus

波莫多罗，阿纳尔多：Arnaldo Pomodoro

伯努利，雅各布：Jacob Bernoulli

博尔赫斯，豪尔赫·路易斯：Jorge Luis Borges

布拉曼特，多纳托：Donato Bramante

布劳特，罗伯特：Robert Brout

布鲁诺，乔尔丹诺：Giordano Bruno

D 大希律王：Erode il Grande; Herod the Great

戴莫斯：Deimos

得墨忒耳：Demetra; Demeter

迪内森，伊萨克：Isak Dinesen

笛卡尔，勒内：Cartesio; René Descartes (Cartesius)

独眼巨人：Ciclopi; Cyclops

多普勒，克里斯蒂安·A.：Christian Andreas Doppler

E 俄里翁：Orione; Orion

厄科：Eco; Echo

恩格勒，弗朗索瓦：François Englert

恩克拉多斯：Encelado; Enceladus

F 法拉利，恩佐：Enzo Ferrari

（阿西西的圣）方济各：san Francesco; St Francis of Assissi

菲吕拉：Filira; Philyra

斐波那契，莱昂纳多：Leonardo Fibonacci

费米，恩里科：Enrico Fermi

弗朗切斯卡，皮耶罗·德拉：Piero della Francesca

福波斯：Phobos

伽利略（·伽利雷）：Galileo Galilei **G**

盖亚：Gea; Gaia

格拉肖，谢尔登：Sheldon Glashow

古斯，艾伦：Alan Guth

哈勃，埃德温：Edwin Hubble **H**

哈得斯：Ade; Hades

海森堡，维尔纳：Werner Heisenberg

赫拉：Era; Hera

赫拉克勒斯：Eracle; Heracles

赫利俄斯：Elio; Helios

赫西俄德：Esiodo; Hesiod

惠勒，约翰：John Wheeler

霍夫特，赫拉尔杜斯·特：Gerardus 't Hooft

霍金，斯蒂芬：Stephen Hawking

霍伊尔，弗雷德：Fred Hoyle

杰罗尔迪，切萨雷：Cesare Geroldi **J**

喀戎：Chirone; Chiron **K**

卡尔维诺，伊塔洛：Italo Calvino

卡拉瓦乔：Caravaggio

（苏丹）卡米勒：al-Malik al-Kamil

康纳利，肖恩：Sean Connery

康帕伊拉，托马索 Tommaso Campailla

科斯坦佐，图齐奥：Tuzio Costanzo

宇宙创世记

克拉克，保罗·A.M.：Paul Adrien Maurice Dirac

克洛诺斯：Crono; Cronus

库萨的尼古拉：Nicola Cusano; Nicholas of Cusa

L　莱奥帕尔迪，贾科莫：Giacomo Leopardi

莱维特，亨利埃塔·斯旺：Henrietta Swan Leavitt

兰伯特，克里斯托弗：Christopher Lambert

勒梅特，乔治：Georges Lemaître

卢克莱修：Lucrezio; Lucretius

鲁比亚，卡洛：Carlo Rubbia

鲁宾，维拉：Vera Rubin

罗西尼，焦阿基诺：Gioachino Rossini

M　马尔乔内，塞尔吉奥：Sergio Marchionne

马尔斯：Marte; Mars

麦克斯韦，詹姆斯·克拉克：James Clerk Maxwell

米开朗琪罗：Michelangelo di Lodo-vico Buonarroti Simoni

米歇尔，约翰：John Michell

墨丘利：Mercurio; Mercury

N　纳西索斯：Narciso; Narcissus

尼布甲尼撒二世：Nabucodonosor II; Nebuchadnezzar II

（西西里的圣）尼卡修斯：san Nicasio; St Nicasius of Sicily

诺特，埃米：Emmy Noether

欧罗巴：Europa　　O

彭罗斯，罗杰：Roger Penrose　　P

彭齐亚斯，阿诺：Arno Penzias

皮斯托亚，乔万尼·达：Giovanni da Pistoia

珀耳塞福涅：Persefone; Persephone

普朗克，马克斯：Max Planck

普赛尔，亨利：Henry Purcell

乔尔乔内：Giorgione，另见"巴巴　Q 雷里，乔尔乔"

切连科夫，帕维尔，阿列克谢耶维奇：Pavel Alekseevic Cerenkov

萨拉丁：Saladino; Saladin (al-Malik　S Salah al-Din)

萨拉姆，阿卜杜斯：Abdus Salam

塞勒涅：Selene

塞维里诺，埃马努埃莱：Emanuele Severino

史瓦西，卡尔：Karl Schwarzschild

苏格拉底：Socrate; Socrates

T 泰勒斯：Talete; Thales
  忒亚：Theia
  特里尔，拉尔斯·冯：Lars von Trier
  提图斯：Tito; Titus Flavius Vespasianus

W 瓦萨里，乔尔乔：Giorgio Vasari
  威尔逊，罗伯特：Robert Wilson
  韦伊，西蒙娜：Simone Weil
  维尔切克，弗兰克：Frank Wilczek
  温伯格，史蒂文：Steven Weinberg
  乌兰诺斯：Urano; Uranus

武尔坎：Vulcano; Vulcan

希格斯，彼得：Peter Higgs   X

伊壁鸠鲁：Epicuro; Epicurus   Y

泽费洛斯：Zefiro; Zephyros   Z
宙斯：Zeus
朱庇特：Giove; Jupiter
兹威基，弗里茨：Fritz Zwicky